九型人格心理学

闫江华◎编著

中国纺织出版社

内 容 提 要

现今社会，每个奔走于生活和职场的人都在人生舞台上扮演着各自的角色。如果你不能了解他人的真实想法，就可能迷失在朋友的忽冷忽热、恋人的心思难捉摸之中，就会不知道老板轻描淡写的一句话是在传达怎样的信息，就可能在人际交往中陷于被动。

本书通过对九型人格的详细阐释，教会读者看懂不同性格的人的不同特点和心理特性，正确辨识人与人的差异，提升有效沟通的能力，使大家能够更好地了解自己、了解他人、和谐相处。本书是个人成长、闯荡社会的必备利器！

图书在版编目（CIP）数据

九型人格心理学／闫江华编著. —北京：中国纺织出版社，2015.3 （2018.9重印）
ISBN 978-7-5180-1369-2

Ⅰ.①九… Ⅱ.①闫… Ⅲ.①人格心理学 Ⅳ.①B848

中国版本图书馆CIP数据核字（2015）第025527号

责任编辑：闫 星　　　　责任印制：储志伟

中国纺织出版社出版发行
地址：北京市朝阳区百子湾东里A407号楼　邮政编码：100124
销售电话：010—67004422　传真：010—87155801
http：//www.c-textilep.com
E-mail：faxing@c-textilep.com
官方微博http://weibo.com/2119887771
天津千鹤文化传播有限公司印刷　各地新华书店经销
2015年3月第1版　2018年9月第9次印刷
开本：710×1000　1/16　印张：16
字数：222千字　定价：29.80元

前 言

在生活中，可能你会有这样的困惑：为什么同一句话，不同的人却有不同的反应？为什么有些人天性爱热闹，有些人却宁愿独处？为什么有些人行事风风火火，有些人却懈怠懒散？为什么有些人甘愿屈居人后，有些人却力争上游……要解除这些困惑，我们可以从九型人格入手。那么，什么是九型人格呢？

九型人格又名性格型态学、九种性格，是婴儿时期人身上的九种气质。它能帮助我们了解人类不同的个性与特质，探索人与人相处之道的学问。目前这套学问已广泛应用于各个领域。具体来说，九型人格对应九号性格可以分为：

第一型：完美者

他们追求完美，自律性很强，能自我控制，总是力图保持高的标准和质量；健康状态下的一号能做出正确的判断、明智的决定，是个负责任的人，但不健康状态下的一号则会显得过于批判，无论大小事都插手，做出令人丧气的批评。

第二型：给予者

他们对他人的需要很敏感，总是试图满足他人的需要，他们为人慷慨、有爱心，懂得欣赏他人的才能，擅长与人交际，能帮助团队建立更紧密的关系；但不健康状态的二号则蛮横无理，操纵性强，对人有过分的要求。

第三型：实干者

三号是个有野心的号码，他们注意力集中、有能力、有干劲、精力充沛，通常是职场上的工作狂。他们喜欢与人竞争，但常常却因为想吸引他人

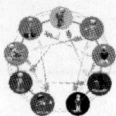

注意而走捷径，甚至不择手段。在他们的最佳状态时，他们变得很有才华，令人钦佩，经常被人们看作是鼓舞士气的模范。

第四型：浪漫者

四号是个有艺术才能的号码，四号性格者有自我悲情心理，自我吸引，情绪变化无常，对批评过度敏感。但健康状态下的四号爱反省，有艺术才能，表情丰富，能给人深刻的印象，能将直觉力和创造力带到工作中来，并用他们有深度和独特的感觉改善工作。他们会欣赏其他的各种型格。

第五型：观察者

五号是个性格古怪的号码。五号性格者好争论、求知欲强，创新。他们致力于理论性研究、探索、发现，是精力充沛的学习者和实验家，特别是在专业技术领域。他们不健康时可能会变得傲慢，不同他人做沟通，并经常会有思想上的斗争。在他们的最佳状态时，思考型变得有远见，能够将全新的理念带到工作中。

第六型：忠诚者

六号很讨厌喜欢，他们很有责任心，依赖权威却又怀疑权威。面对异己者时，他们容易陷入强忍或攻击的矛盾中，因而变得优柔寡断，及过分谨慎。在他们的最佳状态时，谨慎型很有信心，独立，有勇气，往往可以将团队带回到他的根本价值上。

第七型：享乐者

快乐是七号毕生的追求，他们乐观向上、积极主动，但同时也易冲动、精力分散。在多变、刺激性的环境中，他们能充分发挥自己的优势，并且做事非常有效率，但他们却很难做到坚持，常注意力分散，能量不集中，许多工作都会半途而废。

第八型：保护者

八号是一个有力量的号码。他们自信、有权威、果断，但同时也常表现出倔强、对抗的特性。八号性格者很清楚自己要想做什么，在困难面前，他们能做到愈挫愈勇，克服当中的困难。但在不健康时他们会威胁他人按照他们的方式行事，在企业内部和外部树立不必要的敌人。

第九型：和平者

九号又被称为和事佬，他们接受能力强，可以信任，自满。他们最渴望看到的就是团队的和谐。在工作与生活中，他们支持、包容他人，能与他人共同工作，谦卑。不健康时，他们的工作会变得没有效率，固执，疏忽。在他们的最佳状态时，他们能够协调差异，将人们聚集到一起，创造一个稳定但有活力的环境。

当然，九型人格理论所描述的九种人格类型，并没有好坏之别，只不过是不同类型的人回应世界的方式具有可被辨识的根本差异而已。对以上九型人格的了解和分析，可以帮助我们解除很多生活中的困惑，让我们明白到底是什么驱策了人们不同的行为，拥有该种技能能让你在与不同性格的人交往时采取不同的语言与行动，让你无论是在事业、爱情、心灵上都拥有和谐的关系。

编著者

2015年1月

目 录 𝕯

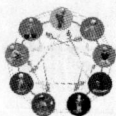

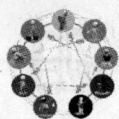

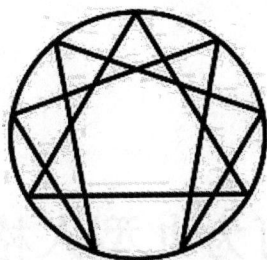

第1章
▪ 九型人格与心理学 ▪

　　九型人格，又名性格型态学、九种性格，是婴儿时期人身上的九种气质，近年来它备受美国斯坦福等国际著名大学MBA学员推崇并成为现今最热门的课程之一。在现实生活中，我们若能将九型人格与心理学结合起来运用到生活中，便能有效地与人打交道，并提升我们做人做事成功的指数。

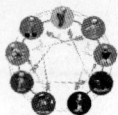

何为九型人格

中国人常说，一样米养百样人。人虽然是社会的人，但人的性格却又是千姿百态的。这就为我们在日常生活中了解他人的内心，从而顺利与他人打交道带来困难。但值得庆幸的是，人类总是能找到解决困难的办法。在中国古典小说《水浒传》中，作者施耐庵就从另一种形态为我们呈现了一百零八条好汉的不同性格。现代社会，在美国斯坦福大学等知名学府，也开设了一门涉及应用心理学、性格学以及个人潜能训练的课程——九型人格。那么，为什么会出现九型人格呢？对此，我们不妨先来看下面一个例子：

一天，一个贵妇人带着一只名贵品种的狗来到餐厅，对此，不同类型的人可能就会有不同的反应。

甲可能会想："这个女主人真是自私，餐厅是用餐的地方，带宠物进来，太不卫生了。"

乙的反应可能是：看见狗后立即走开，尽可能不让狗在自己身旁擦过。并不是因为他讨厌狗，而是他意识到那只狗有可能突然发狂，袭击路人。意外是不可预测的，还是小心为上。

丙看到这么可爱的狗，可能忍不住上前去逗逗它。

可见，对于同样一件事，不同类型的人即时的想法及感受竟然会有那么大的差异！这正是因为他们的性格导致的，"内因"不同，导致他们拥有不同的"世界观"，对每一事一物均有着不同的着眼点、不同的理解方式。

关于九型人格，有一套古老的学说，这套学说中包含传统智慧及现代心理学的性格分析，甚至涉及哲学层面之体验。这个学说依照一个九型图，把

人的性格分为九个类型，九个类型又归纳为"情感、思考、直觉"三个智慧区域，主导其思维模式。

那么，什么是九型人格呢？

第一型完美型（The Reformer）：追求完美者、原则和秩序的捍卫者、改进型。

第二型给予型（The Helper）：博爱型、成就他人者、助人型、爱心大使。

第三型实干型（The Achiever）：实干家、实践者、成就者。

第四型浪费型（The Individualist）艺术家、自我主义者、浪漫型。

第五型观察型（The Investigator）：观察者、思考型、理智型。

第六型忠诚型（The Loyalist）：谨慎型、忠诚者、寻求安全者。

第七型享乐型（The Enthusiast）：享乐者、创造者。

第八型保护型（The Challenger）：保护者、挑战者、权威型。

第九型和平型（The Peacemaker）：和平主义者、追求和谐者、平淡型。

根据这套学说，我们也就能解释例子中甲乙丙的不同反应了，也就能明白在我们的生活中，为什么有些人总是那么勇敢、勇往直前；为什么有些人则宁愿原地踏步；为什么有些人总希望能成为人群中的焦点；而有些人则好像浑身长满了刺，对他人保持较高的警惕性等。

当然，九型人格理论所描述的九种人格类型，并没有好坏之别，只不过是不同类型的人回应世界的方式具有可被辨识的根本差异而已。

慧眼
识人

九型人格是一种将人进行深层次探究的方法和学问。根据每个人的思维、情绪和行为的不同，我们可以把人分为九种：完美者、给予者、实干者、浪漫者、观察者、忠诚者、享乐者、保护者、和平者。它的最卓越之处就是能通过人的外在表现直击人的内心世界，发现每个人最真实、最根本的需求和渴望。因此，如果我们能掌握这一方法，那么，我们就能用最有效的方法应对他人，最终帮助我们达成目的，赢得成功。

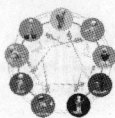

九型人格的不同心理特点

我们都知道，在生活中，就同一件事，不同性格的人会有不同的反应。而人们之所以会有不同的反应，是由内在因素决定的，也是人们不同心理特点的一种外显。举个很简单的例子，在工作中，同样是被上司批评，不同的人会有不同的想法，一些人会及时反省，找自己的原因；一些人却认为是上司挑剔、找茬；也有一些人顾左右而言他，尽量给自己找借口逃避。

的确，九型人格揭示的就是人们内在最深层的价值观和注意力焦点，它不受外在行为的变化所影响，是人类认识自己、了解他人的科学理论，是我们生活、工作中可以充分使用的实用工具。

具体来说，九型人格的不同心理特点具体体现为：

第一型完美型：爱劝勉教导，逃避表达忿怒，相信自己每天有干不完的事。

第二型给予型：爱报告事实，逃避被帮助，忙于助人，否认问题存在。

第三型实干型：爱诉说自己成就，逃避失败，按着长远目标生活。

第四型浪漫型：爱讲不开心的事，易忧郁、妒忌，生活追求感觉好。

第五型观察型：爱观察、批评，把自己抽离，每天有看不完的书。

第六型忠诚型：爱平和讨论，惧怕权威，可给予安全感，害怕成就、逃避问题。

第七型享乐型：爱讲自己经验，喜欢制造开心，人生有太多开心的事情等着他。

第八型保护型：爱命令，说话大声、有威严，有报复心理、爱辩论，靠意志来掌管生活。

第九型和平型：爱调和，做事慢，易懒惰、压抑，生活追求舒适。

关于掌握不同人的性格特点的作用，我们不妨先来看下面一个故事：

盈盈在一家广告公司做策划文案，和大多数大龄未婚女青年一样，已经28岁的她不得不常常接受父母、朋友安排的相亲，但让盈盈苦恼的是，每次和相亲对象刚开始接触，都觉得对方不错，可是相处下来却发现不合适。为此，亲朋好友都说盈盈太挑剔了，再这样下去，真的要单身一辈子了。

其实，盈盈心里明白，自己喜欢的是那种具有感染力的男士，他总是能面带微笑，每天有说不完的开心事，她觉得这样的人，才能弥补自己冷漠的性格特点。可是，她太不会看人了。怎么办呢？

后来，盈盈想到了自己学心理学的表姐，识人察人是表姐的强项，相亲时，带上表姐，把握应该更大。

于是，在接下来的几场相亲中，盈盈都让表姐坐在暗处为自己把关。半个月下来，表姐对盈盈说："这些人其实外在条件都不错，但都不大适合你，你喜欢开朗活泼的，而他们都太严肃了，一场相亲，搞得好像是商务谈判似的。不过你注意没，昨天那个小伙子还不错哦，我记得他谈到过自己在进入职场之初的一些糗事，他愿意把自己丢脸的事拿出来说，还表现得很无所谓，我想他应该比较大度吧。对了，他后来联系你没？"

"给我打电话了，他的确不错，可是我觉得他的条件好像不怎么样。"盈盈如实地道明了自己的顾虑。

"傻姑娘，又不是让你现在和他结婚，你可以试着交往看看。再说，那些有钱人你也不是没相过，你不都看不上吗？"听完表姐的话，盈盈觉得很有道理。于是，她决定和这位乐观向上的男士交往看看。

现在，他们已经进入了热恋，盈盈很感激当初表姐给自己的建议。

这则故事中，盈盈是如何找到自己合适的另一半的？缺乏识人经验的她求助了自己的表姐。她的表姐不愧是专业人士，从相亲对象的谈吐中，便轻松地对他们进行了大致的了解，最终，盈盈开始了自己的幸福生活。

从这个故事中我们也发现，了解九型人格的心理特点，并不是为了揣度别人的心思，而是为了更好地了解别人、与别人相处。当然，这里我们只是

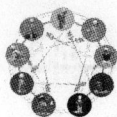

简单地介绍一下九种性格的基本特征。在后面的章节中，我们将会对各种性格做详细的说明。

慧眼识人

　　了解九型人格的不同心理特点，掌握鉴定九型人格的实用技能和方法，熟练后就可以进行实际的操作应用，帮助学习者发现自我、洞察他人，从而更高效、更有针对性地解决职场、商场、情场和家庭等领域的问题，如：可以指导企业更正确地规划员工的职业生涯和团队打造，指导猎头顾问更高效地开展人才寻访、人才鉴定工作，帮助家庭更有针对性地调解夫妻矛盾等。

学会观察自己和他人的内心

　　人们常说："知己知彼，百战百胜。"这句话其实可以运用到生活中的多个方面。一个人，只有看到自己的性格缺点、优点，才能有更好的表现。其次，我们也只有看到他人的内心，才能轻松地达到我们的目的。因此，从心理学的角度看，一个高明的观察者，不只会看他人，更会看自己。

　　"看自己"，也就是"观察自我"，这是一项探索人的内心世界的一项传统训练，它所追求的就是将人的身体感觉、情感、思想等都往内心集中，然后试着去感知自己的内心。完成这项训练的方法有很多种，不过最初的体验都是从认识自己的习惯状态和那些占据内心的固有特征开始的。

　　通俗来讲，我们要做的就是将表现出来的自我与真实的自我分离开来。

如果我们能做自身行为习惯的旁观者，那么，我们就能真正掌控自己的行为习惯，而不是被曾经固有的习性所控制，久而久之，便会摆脱那些固有的习性带给我们的困扰。

总之，准确的自我观察对于认识自己的性格类型十分重要，因为只有了解自己内心的习性，才能从相似者的故事中认出自己。

当然，除了认知自我外，我们还需要学会观察他人。对此，心理学家给出了两个方法："触犯某人的痛处"和"向同胞敬酒"。

不可否认的是，任何人，即使表现得再坚强，那也只是表象，我们要想看清楚他的内心，就要从其弱点下手。攻击他的弱点，他必然会给予反击，那么，他的"本来面目"就暴露出来了。

总之，这种方法能让我们不慌不忙地以一种平常心态来窥视他人的内心世界。

除此之外，我们还可以采取"敬酒"的方式，因为酒精对于打开一个人的心扉有着特殊的功效，这就是为什么阿拉伯人会说"酒精让人更像人。"俗话说得好："酒品如人品，酒风如人风"，通过喝酒可以了解对方的为人，查看他的德性，检验你在他心中的分量等。

我们不难发现，在中国，无酒不成席，很多生意都是在饭桌上谈成的。在饭桌上，我们可以通过对方的举手投足洞悉其内心世界，更清楚地了解人心，把握人性，提高洞察力，从而更好地掌握说服他人的技巧，使自己的事业取得更大的成功。

小王是一名外企职员，负责市场部的信息工作。最近，小王接到了经理分配的一个任务，那就是探清楚合作公司的虚实，因为该公司有利用商业联谊窃取商业机密的嫌疑。

这可把小王急坏了，这根本是件没突破口的任务，因为在对方公司，小王没有认识的熟人。苦苦思索以后，小王豁然开朗，既然没办法让他们自己承认，就只有主动出击了，他想到的办法就是让对方代表"酒后吐真言"。

那天，小王把那位代表约出来，两人很快就称兄道弟了，然后小王开始

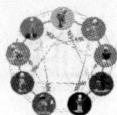

劝酒，那人的酒量不好，一会儿就开始"胡说八道"了。小王乘机问："你们和我们公司合作到底是为了什么？"从那个人的"口供"中，如小王和所有领导所料，他们公司只不过是为了获得第三方的资料。

现代社会，人们从事社交活动多是带有一些目的，其中也不乏对我们不利的目的。我们只有识别对方的目的，才不会在交际中被人利用，像小王一样，必要时若我们能采取一点非常手段——向对方敬酒，对方的意图就能一目了然了。

慧眼识人

在现实生活中，一个高明的人，无论是做人还是做事，都能以理智的态度面对，他们既能看到自己行为的不足及优势，从而更完善自己的言行，也能从他人的一言一行中观察对方的内心世界，从而采取更进一步的交际措施。

看透自己的心理缓冲带

我们都知道，火车上有个缓冲器，它的作用在于缓冲火车车厢之间的摩擦。缓冲器在不知不觉中削弱了碰撞产生的冲击力。假设没有这一装置，那么，车厢之间的摩擦会使车上的乘客很不舒服，而且还很危险。其实，在人们的内心世界中，也有这样一种装置。这种装置起到缓冲心理压力的作用，尽管它是无意识下产生的，但却是真实存在的。这种心理装置产生于人们自身的矛盾：观念的矛盾、感觉的矛盾、言语的矛盾、行为的矛盾。

人们常说："人贵自知。"我们需要了解自己的性格类型和自己的不

足，但心理缓冲带却成为我们认识自己的障碍。心理学家葛吉夫认为，我们每个人都把自己性格上的负面特征隐藏在了一个精心构建的内在缓冲系统中，或称之为"心理妨碍机制"。这种缓冲带的存在，让我们无法看到自己性格中的真实力量。

然而，不得不承认的是，在生活中，很多人是没有认识到自己心理缓冲带的存在的。我们先来看下面一个故事：

有这样一个老太太，她不管雨天还是晴天都要痛哭流涕，人们见了都很纳闷，就问她原因。她说："我儿子是卖雪糕的，所以一到雨天我就担心儿子的雪糕卖不出去，就伤心得哭个不停；而我女儿是卖伞的，所以一到晴天我就害怕没人买我女儿的伞，也会悲伤地大哭起来。"人们听了，哭笑不得，就对她说："以后，晴天的时候，你就想人们都去买你儿子的雪糕了，雨天的时候就想人们都去你女儿那里买伞了，不就可以了吗！"

在生活中，像这个老太太这样的人很多，很明显，他们是怀疑论者，在九型性格中，与之相应的是六号。曾经有人说："那些可怜的怀疑论者，从未从人生中获得踏实的快乐。"的确，怀疑论者基本的心理防御体系是投射作用，简单说就是凭想象办事，以为想象是真实。怀疑论者很难分辨自己的想象和真实，可悲之处就在于此，他们更倾向于想象不利的结果、不好的地方，所以始终感觉危机丛生——从未获得踏实的快乐。

当然，不同性格的人的心理防御机制是不同的。

1. 完美型：反向作用

在生活中，他们太过注重完美，对自己的行为也很苛刻，在他们内心，只要自己的行为不是正义的、不是坚持真理的，他们就会立即改过，并且，他们的行为还呈现一种极端性。比如，累了一个月，发了工资后，他们原本想好好吃一顿、睡一觉，但他们又会想，这太腐败了，于是，他们又会坚持工作、随便吃顿饭。

2. 给予型：压抑作用

他们似乎总是充满"爱"，无私地为周围的人付出，甚至根本不考虑他们的帮助对于别人来说是否是需要的，因为他们经常会从自己的角度看，把

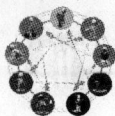

自己的需要投射到他人身上。

3. 实干型：认同作用

与人交往中，他们已经习惯了戴面具，他们更看重形式而不是实质，他们扮演得实在太逼真了，以致于蒙蔽了所有人。他们虽然唬得过别人，讨别人喜欢，但也因此迷失了自己的本性，连自己都找不到。

4. 浪漫型：内投作用

他们对周围的人和事都很敏感，并且能看出事物内在的生命力，但不得不承认的是，他们也是"虚伪"的。他们会认为，一切行为，不用创作和想象力来表达的话，就显示不出自己的与众不同，是很没面子的事。

5. 观察型：分隔作用

表面上看，他们是冷酷的，是理智的，但实际上，他们内心是火热的、情感丰富的。他们尽量控制自己，是因为他们害怕，把自己对别人的感觉隔离起来，那么他们的内心才能安稳。

6. 忠诚型：投射作用

他们害怕犯错，也怕被权威者责怪，因此很容易将自己错误的决定和行为投射到别人身上，以躲避责任。

7. 享乐型：合理化作用

他们自认为是充满感染力的，只要有他们的地方，就有快乐的因子。他们会把平淡的生活点缀得充满乐趣，他们用抽象的方式提升生活情趣，他们制造罗曼蒂克的能力是一流的，能将情绪升华，使别人在他们的带动下，可以活在明天会更好的幻想境界中。

8. 保护型：否定作用

他们常常有自己认定好的标准，及自我要求能力的认定。如果别人不认同，他们就会以否定的语言对抗。为此，他们不愿承认自己有脆弱无能的一面。

9. 和平型：麻醉作用

因为生活在自得其乐之中，所以他们不积极也不想察觉任何需要和感受。生命中没有跃动，但他们却非常满意。

慧眼
识人

　　如果我们能将自己看得很透彻，甚至看到自己身上所有的矛盾，那么，我们就会显得很不安。而实际上，人是不可能消除这些矛盾的，但是如果心里有了"缓冲带"，我们就不会因为自己观点、情感和言语的矛盾冲突而感到不安。在"缓冲带"的帮助下，我们被带入一种催眠状态，这让我们的行为变得机械化。因为我们被缓冲、被催眠，我们就无法认识真正的自己，也不会知道我们的性格类型影响了我们对现实世界的认识。对于任何一位希望走向心理成熟的人来说，发现自己性格结构中的盲点、防御机制和矛盾是非常重要的。

不同性格之人的心理需求

　　了解九型人格的目的，就是要帮助我们读人，去感受他人的思想，从而更好地与人打交道。因此，我们除了要了解每种人格的性格外，还要了解他们的心理需求。它能帮助你对他人的处境有更多了解，从而设身处地为他人着想，真正让自己在说话、做事上都能深入人心。我们先来看下面一个故事：

　　慈禧太后爱看京戏，看到高兴时常会赏赐艺人一些东西，这也是常理中的事情。但是，有一次，艺人杨小楼却因此差点丧命，多亏太监李莲英的圆场。

　　那天，慈禧看完杨小楼的戏后，将他招到面前，指着满桌子的糕点说："这些都赐给你了，带回去吧。"杨小楼赶紧叩头谢恩，可是他不想要糕点，于是壮着胆子说："叩谢老佛爷，这些尊贵之物，小民受用不起，请老佛爷……另外赏赐点……"

　　"那你想要什么？"慈禧当时心情好，并没有发怒。

杨小楼马上叩头说道："老佛爷洪福齐天，不知可否赐一个'福'字给小民？"

慈禧听了，一时高兴，马上让太监捧来笔墨纸砚，举笔一挥，就写了一个"福"字。

站在一旁的小王爷看到了慈禧写的字，悄悄说："福字是'示'字旁，不是'衣'字旁！"杨小楼一看，确是如此，这字写错了！如果拿回去，必定会遭人非议；可不拿也不好，慈禧一生气可能就要了自己的脑袋。要也不是，不要也不是，尴尬至极。慈禧此时也觉得挺不好意思，既不想让杨小楼拿走，又不好意思说不给。

这个时候，旁边的大太监李莲英灵机一动，笑呵呵地说："老佛爷的福气，比世上任何人都要多出一'点'啊！"杨小楼一听，脑筋立即转过来了，连忙叩头，说："老佛爷福多，这万人之上的福，奴才怎敢领呀！"

慈禧太后正为下不来台尴尬呢，听两个人这么一说，马上顺水推舟，说道："好吧，改天再赐你吧。"就这样，李莲英让二人都摆脱了尴尬。

李莲英之所以能一直受慈禧的恩宠，恐怕与其体贴入微是分不开的。很明显，权倾天下的慈禧太后属于九型人格中的实干型，他们内心渴望受人敬仰。当众写错字对于他们来说，是丢面子的大事。聪明的李莲英此时便站出来巧妙地帮慈禧解了围，当然让慈禧心生感激。

的确，人生在世，我们都有各种各样的需求，对此，社会心理学家马斯洛提出需求层次力量，并将人的需求分为五种，像金字塔一样从低到高，按层次逐级递升，分别为：生理上的需求、安全上的需求、情感和归属的需求、尊重的需求以及自我实现的需求。从这里我们可以看出，人的心理需求应该是更高层次上的需求。具体来说，九型人格的心理需求可以分为以下几种。

第一型　完美型：希望自己做得对，不允许自己的行为有偏差。

第二型　给予型：希望爱护他人，也被人爱护。

第三型　实干型：希望成功并受人敬仰。

第四型　浪漫型：忠于自我。

第五型　观察型：希望自己成为某一方面的专家。

第六型　忠诚型：希望自己能够达到他人对自己的期望。

第七型　享乐型：喜欢变幻。

第八型　保护型：希望自己坚强并能控制住自己的处境。

第九型　和平型：大家好就是真的好。

慧眼识人

　　通过以上统计，当站在其他性格类型的人的位置来看待周围的人时，我们会发现，没有哪一种性格是完美无缺的，不同性格的人有不同的心理需求。如果我们能看透人们表面的喜怒哀乐，进入人心最隐秘之处，发现人的最真实、最根本的需求和渴望，那么，我们就能成功地与不同性格的人打交道。

九型人格与读心术的结合

　　九型人格的高明之处就在于帮助我们正确认识人心，帮助我们更好地与周围的人打交道，因此，我们有必要将九型人格与读心术结合起来。掌握这一点，就能帮助我们在与人沟通时所向披靡。我们来看下面的案例：

　　梁文现在已经是一个食品销售公司的销售主管了，还记得刚来公司时，他很苦恼，因为他实在不知道如何与客户打交道，这些客户一人一个样，他都有点应接不暇了。而且，经常会出现的情况是，上一个小时他还沉浸在和一个艺术家交谈的快乐中，下一刻，他就必须要与一个精明的商人洽谈。一度，他准备辞职，因为他实在受够折磨了。

　　当他把辞呈递给经理时，经理不但没有同意，反而送给他一本书，并且

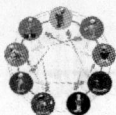

告诉他："等你看完这本书，再跟我提辞职的事吧。"

接下来，梁文硬着头皮开始看经理给他的书，这本书讲的是九种人的性格，并且，还有具体的读心术的操作方法。后来，他把这些操作方法运用到了具体的销售工作中。令他惊奇的是，一个月后，他的销售业绩明显提升了，而他也开始陶醉在这种读心的过程中。

案例中的销售员梁文通过掌握与不同性格的人打交道的读心术，解决了与客户沟通的问题。的确，作为一个销售人员，只有学会分析客户的性格特点，并能预测顾客的心理需要，才能因人而异地采取不同的沟通交流方式。

把九型人格与读心术结合起来，就需要我们在与不同性格的人打交道时掌握以下一些要点。

1. 与完美型的人打交道

他们是追求完美的，因此，你最好在表达时尽量做到逻辑严密、理性，这样才能获得他们的认同。另外，你最好不要拐弯抹角，否则，只会招致他们的厌恶。

2. 与给予型的人打交道

他们喜欢对周围的人付出，对此，你要表现感激之意。对于他们的帮助，如果你想拒绝，最好能清楚地说出自己的理由。当他们只顾着为别人忙碌，或是显得情绪化、心神不宁时，不妨问问他们正在想什么？心情如何？以及此刻有什么需要？

3. 与实干型的人打交道

对于他们的作风，如果你喜欢他们，可以尽量配合他们，因为当你与他们站在同一阵线时，他们也乐于保护你，与你分享他们的成就。反之，你如果不想配合他们，那么，你不妨让他们知道你的感受，因为他们有时真的会忽略别人的感受，告诉他们后，他们多半会收敛一些，特别是当他们无心伤害你时。

4. 与浪漫型的人打交道

他们是感性的，因此，我们不必苛求他们变得理性，而是让他们感受到

你重视、支持他们。当他们处在某种情绪中时，问问他们当下的感受，让他们有机会抒发情绪，是帮助他们走出情绪的最好方法。

5. 与观察型的人打交道

他们不善于在众人面前表现自己，对此，你不妨表现出自己的善意，让他们觉得轻松。另外，他们喜欢与人保持一定的距离，我们要尊重他们的界线。

6. 与忠诚型的人打交道

他们是多疑的，所以我们不要一味地赞扬他们，最好是倾听，才能体现我们对他们的支持。

7. 与享乐型的人打交道

他们喜欢快乐的氛围，最好以一种轻松愉快的方式和他们交谈，这是建立彼此好感的第一步。另外，他们喜欢与人分享自己伟大的梦想和计划，对此，即使你不同意，也不必要马上指出来。

8. 与保护型的人打交道

说话尽量说重点，他们才不会不耐烦，并愿意听你继续陈述。玩弄权谋、操纵他们、说谎，都是他们讨厌的行为，跟他们沟通的最好方式是直接、说重点。

9. 与和平型的人打交道

尽量倾听他们，并鼓励他们说出自己的想法。如果你想真正了解他们的想法，不应过于急切、压迫，否则他们会给你一个"你想听到的"答案，所以还是给他们一点空间和时间来回答吧。

慧服识人

所有的事情都是人做的，只要把握了人的内心，就能彻底解决一切沟通难题，让一切在你的掌控之中。人对了，世界就都对了。九型人格就是要帮助你把握人的内心，使你能更深刻地了解别人，了解自己。总之，将九型人格和读心术结合起来，能有效提升我们洞察人心的能力。

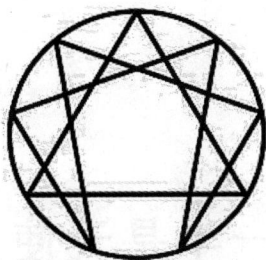

第2章
识别自己的心理诉求，
九型人格测试

　　我们常常听到"人贵自知"，一个人，只有先认识自己，才能认识他人，进而认识世界。然而，认识自己就意味着要接受自己的缺点、不足甚至阴暗面，这是一个痛苦的过程，也很少有人愿意面对。但我们不能否定的是，我们每个人内心都有个阴暗的黑洞，是魔鬼。要正视这点，我们就要学会对自己抽丝剥茧，学会用"第三只眼睛"看待自己，看到自己的心理诉求，实现对自己的全面认识，这样才能肯定自己、接纳自己，最终实现自我充实、自我提升！

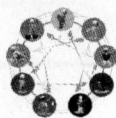

我们的内心，一半是天使，一半是魔鬼

在中国的《三字经》中，有这样一句耳熟能详的话——"人之初，性本善"，意思就是，人在刚刚降临到这个世界上时都是善良的。当然，也有人认为是"人之初，性本恶"，这是一套完全相反的言论。但无论人之初的人性是怎样的，我们都不得不承认，人性是复杂的，任何人，都不是单一的人，即使再正直的人，也会有偶尔自私的时候；即使再"十恶不赦"的人，也会偶尔"良心发现"的。也就说，其实，在我们的内心都有个阴暗的角落，人性中，一半是天使，一半是魔鬼。任何一个渴望完善自己的人，都应该看到这样一个全面的自己。关于这点，我们不妨先来看一个传说：

在遥远的古代，曾经有个盛产美女的国度，在这个国家，每个漂亮的女孩都会带着一串项链。并且，谁的项链越好看，追求的异性也就越多。

后来，国王下了一道圣旨：全国的女孩，谁的项链最漂亮，谁就能成为王子的妻子。于是，甄选活动开始了。大家都知道，在民间，有个最美丽的女子叫爱丽丝，如果她参加竞选，那么，即使她的项链最丑，只要王子见到她，依然会选择她，于是，很多女孩便决定除掉爱丽丝。

这天，勤劳的爱丽丝在河边洗衣服，几个女孩过来告诉她，河里住着河神，如果你跳下去，河神就会送给你世上最美丽的项链。

爱丽丝也和所有的女孩一样，希望能得到世界上最漂亮的项链，想成为王子的妻子。于是，单纯的她跳了下去。爱丽丝虽然会水，但河太深了，她很快就游不动了，就在她以为自己要死去时，她看到了一个山洞。

她好奇地来到山洞的门口，门口坐着一位相貌丑陋、浑身长满脓疮的老

婆婆，老婆婆乞求爱丽丝：我就要死了，你抱抱我吧。

看到可怜的老婆婆，爱丽丝二话没说，便紧紧地抱住了她。谁知道，就在这一刻，丑陋的老婆婆居然"变身"了，原来，她就是美丽的河神。她看到了爱丽丝的善良，便将一条漂亮的项链赠予了爱丽丝，并祝福她能成为王妃。

后来，在河神的帮助下，爱丽丝顺利地回到了岸上。那些企图害她的女孩们看到归来的爱丽丝，不禁愕然了。善良的爱丽丝还将自己的经历告诉了她们，还没等她将话讲完，这些女孩们也纷纷跳下了河。

接下来，她们的经历和爱丽丝很相似，她们也看到了丑陋的老婆婆，但她们却不愿抱抱她，甚至还嘲笑她、骂她：这么丑还让我们抱。

这时，河神也"变身"了，但对于这些姑娘的表现，她很失望，生气地说："我以为世界上的姑娘都和爱丽丝一样善良，所以我也为你们准备了项链，但现在我发现，你们根本没有资格得到它。"

后来，没有项链的姑娘们怎么也没法回到岸上，而那时，爱丽丝已经成功成为了王子的妻子。

看完这个故事，我们不禁感叹：我们每个人的内心，何尝不是也有个黝黑的山洞呢？在山洞口都站着一个丑陋的自己。是的，我们每个人都是这样，一半是天使，一半是魔鬼，天使与魔鬼同在。

天使与魔鬼一般都是对立的，天使代表的是阳光的、善良的、积极的一面，是人们所渴望的；而魔鬼则相反，它是黑暗的、消极的、罪恶的，是人们所排斥的，但正因为是被人们排斥的一面，所以我们才更应该正视。只有正视自己的弱点，勇于面对自己丑陋的一面，我们才能更全面地认识自己。

在生活中，我们大都是只愿面对自己天使的一面，而不愿意正视自己魔鬼的一面。举个很简单的例子，如果有人夸你善良、美丽、大方，你肯定很高兴；而如果有人说你自私、丑陋，你肯定会不高兴，不但会辩解对方不了解你，还会与之绝交。

当然，即使我们发现了自己丑陋的一面，也不必惊慌失措，毕竟，没

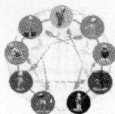

有人是十全十美的，人正是因为有不好的一面，才有了不断进步的空间。再者，只要我们把不好的一面控制在安全的范围内，那么，它就不能对我们的人生造成致命性的影响。比如，你偶尔有点小气，但只要你不是个一毛不拔的吝啬鬼，还是有人愿意与你做朋友的。

慧眼识人

《周易·说卦》上说，立天之道曰阴与阳，有白天和黑夜；立地之道曰柔与刚，有山川和河流。人和万事万物是相通的，既有光明的一面，也有黑暗的一面。承认自己魔鬼的一面，也并不意味着你就是魔鬼，相反，这表明你正在走向天使。就像医学家所说，所有的人身上都有癌细胞，但这并不代表所有的人都患有癌症。

剥开自己，寻找最本真的自我

我们每个人从出生起，都在不断认识世界，并接受外在世界赠予我们的一切。我们学会了很多，包括科学文化知识、审美、与人相处等等，但在这个过程中，我们却很少认识自己，实际上，我们总是在逃避认识自己。因为认识自己，就意味着我们必须要接受自己魔鬼的一面，这个过程对于我们来说是痛苦的。但如果我们想实现自己的需求，成为更优秀的自己，就必须要认识自己，寻找到最本真的自我。

曾经有位事业有成的年轻人，他在朋友的劝告下去看心理医生，因为他觉得自己的工作压力太大了，心灵好像已经麻木了。

诊断后，医生证明他身体毫无问题，却觉察到他内心深处有问题。

医生问年轻人："你最喜欢哪个地方？""我不清楚！""小时候你最

喜欢做什么事？"医生接着问。"我最喜欢海边。"年轻人回答。医生于是说："拿这三个处方，到海边去，你必须在早上9点、中午12点和下午3点分别打开这三个处方。你必须同意遵照处方，除非时间到了，不得打开。"

于是，这位年轻人按照医生的嘱咐来到海边。

他到达海边时，正好9点，他赶紧打开处方，上面写道："专心倾听。"他开始走出车子，用耳朵倾听，他听到了海浪声，听到了各种海鸟的叫声，听到了风吹沙子的声音，他开始陶醉了，这是另外一个安静的世界。快到中午的时候，他很不情愿地打开第二个处方，上面写道："回想。"于是他开始回忆，他想起小时候在海边嬉戏的情景，与家人一起拾贝壳的情景……怀旧之情汩汩而来。近3点时，他正沉醉在尘封的往事中，温暖与喜悦的感受使他不愿去打开最后一张处方，但他还是拆开了。

"回顾你的动机。"这是最困难的部分，亦是整个"治疗"的重心。他开始反省，浏览生活工作中的每件事、每一状况、每一个人。他很痛苦地发现他很自私，从未超越自我，从未认同更高尚的目标、更纯正的动机。最终他发现了造成疲倦、无聊、空虚以及压力大的原因。

这个故事中，这位年轻人通过医生的建议来到海边，有了一个自我反省的机会，才认识到自己的缺点——自私、从未超越自我、从未认同他人，这就是他感到空虚、压力大的原因。心理学家曾说过："人是最会制造垃圾，污染自己的动物之一。"正如清洁工每天早上都要清理人们制造的成堆的、有形的垃圾一样，我们要想彻底消除倦怠，也必须经常反省自己，时刻清洗心灵和头脑中那些烦恼、忧愁、痛苦等无形的垃圾，真正让自己时刻心如明镜，洞若观火，以最好的状态投入工作。

在马斯洛需求层次原理中，我们发现，每个人都有五大需求。怎么实现这五大需求呢？我们需要通过自我认识、自我接受、自我肯定、自我呈现，从而达到自我实现的目的。

可见，自我认识是实现这五大需求的第一步，只有先认识自己，我们才能接受自我，才能肯定自我，进而不断完善自我，才能变得自信。

接下来，我们需要思考的是，该怎样做才能实现自我认识呢？这里，我

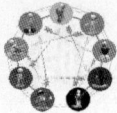

们需要借助一个工具——九型人格。

此处，我们不妨把自己比喻成一颗洋葱，在洋葱的最深层是最本真的自我，那么，我们就需要不断地剥开这个洋葱。

刚出生时的我们是最本真的自我，在接下来的生命旅程中，开始有了一些经历，也开始形成了对我们行为处事有引导作用的价值观。当然，这里的价值观可能是好的，也可能是不好的。

接下来，我们开始剥第二层，在价值观外面是我们的需求和动机，也就是我们常说的人的欲望。人的欲望是受到价值观操纵的，而人的欲望操作的是人的需求、思维。

再接下来，就是情绪。一旦人的欲望和需求得不到满足，便会产生这样或那样的情绪。当然，即使我们的欲望被满足了，情绪同样也是存在的。

最后一层是行为。这是洋葱的最表层部分，也是我们的价值观、欲望、需求、思维的最直接的显现。

可见，当我们剥开自己这一个洋葱后，我们会发现，人的本我其实都是差不多的，只要我们愿意认识自我，那么，我们就会变得自然、真诚。一旦我们继续披上种种外衣，我们又会呈现出千姿百态的面貌。

慧眼识人

在认识九型人格之前，我们看待一个人，都是通过他的表层的语言和行为来评断一个人，而当我们懂得如何剥开自己这个洋葱后，我们不但能寻找到最本真的自我，也能剥开他人，更清楚地认识他人。九型人格就是剥洋葱头的工具，它告诉我们，只要我们懂得观察，根据一个人行事的最本初的动机，就能看到他的性格号码，这也是我们读人心和做决策的依据。

掌握九型人格这一认识自己的最佳工具

每个人都要认识自己，不仅要认识自己的优点、能力，还要认识自己的缺点、不足等。那么，如果有人问你，你认识自己吗？你的回答是什么？也许很多人会回答"是"，而实际上，事实真是如此吗？

现在，我们来做这样一个游戏：请你拿出一张纸，画出你手机的外形，包括品牌、颜色、按键的各个位置，你能做到吗？曾经有培训师在上课时让学生做过类似的游戏，但遗憾的是，90%的学员都不能准确地画出来，有的人甚至连屏幕的样子都记不起来了。

每个人每天都离不开手机，但就这样一个随身携带的物品，我们都不了解，更何况我们自身呢？为什么我们不了解它？因为我们只是把它当成通信的工具，而没有用心去了解、认识它。实际上，我们何尝不是把自己当成一种工具呢？一种吃饭、穿衣的工具！一种工作、与人打交道的工具！自从我们出生，我们行走于世的时间久了，内心便被一些"世俗"的外衣包裹了，我们把什么都当成一种工具，我们还会用心去对待它吗？

有人说"成功时认识自己，失败时认识朋友"，固然有一定的道理，但归根结底，我们认识的都是自己。无论是成功还是失败时，都应坚持辨证的观点，不忽视长处和优点，也要认清短处与不足。同时，自我反省、认清自己还能帮助我们做回自我，只有这样，才能获得重生。

爱因斯坦小时候十分贪玩，他的母亲最担心的就是这点。很多时候，母亲对他的告诫，他都当成耳边风，过后就忘。等到他长到16岁的时候，父亲对他的一番话让他真正长大了，并且影响了他的一生。

父亲说："昨天，我和你杰克大叔一起去清扫了南边的一个很久没人打扫的烟囱，去的时候，我走在你杰克大叔后面，我们踩着钢筋做的梯子上去。下来的时候，我依然走在你杰克大叔后面。但我们出来的时候，我

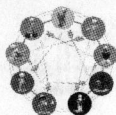

发现你杰克大叔身上、背上、脸上都是黑乎乎的，而我身上竟然一点儿也没有。"

爱因斯坦听得很认真，父亲继续微笑着说："当我看见你杰克大叔浑身黑乎乎的样子时，心想，我肯定也脏死了，于是，去河边洗了又洗。而你杰克大师恰恰相反，他看到我干干净净的，以为自己也是干净的，只是随便洗了洗手，就去街上了。结果，街上的人都笑破了肚子，还以为你杰克大叔是个疯子呢。"

爱因斯坦听罢，也忍不住笑了半天。等他平静下来后，父亲郑重地对他说："其实别人谁也不能做你的镜子，只有自己才是自己的镜子。拿别人做镜子，白痴或许会把自己照成天才的。"

的确，正如爱因斯坦的父亲所说，我们只有做自己的镜子，才能照出真实的自我。

而真实情况是，在日常生活中，我们既不可能每时每刻去反省自己，也不可能站在一定的高度、以局外人的身份来观察自己，我们只能以外界信息和他人的眼光来认识自己。于是，我们的思维很容易受到外界信息的暗示，常常会迷失自己。

自我提升之门只能由内而外打开。谁能永久激励你？谁能让你不断成长？答案是你自己，别人只能推波助澜而已！所以要获得成功，首先要先研究、了解自己。自己才是自己的最佳导师。

事实上，在日常生活中，关于认识自己，我们都只愿看到自己的优点，而不愿看到自己的局限性。有时候，我们自己看不到自己，身边的人会为我们指出来，但我们也不愿意听，因为没有人喜欢被他人否定。为此，我们很有必要掌握认识自己的一大工具——九型人格。这就需要我们学会用"第三只眼睛"看自己，无论做什么事，用客观、公正的态度评价自己，就能做到不断超越自己。

事实上，人生每跨一步都会有这样的过程。你要管人，你就要先了解人；你要超越自己，就要先了解自己。

如何才能更好地认识自己及他人？那就是要用心。很多时候我们对家

人、爱人、朋友等往往是熟视无睹，这就是我们人性的盲点。九型人格以层层剥茧的方式，慢慢地引导我们找到最初的本我。

也许你会说，在对九型人格的学习过程中，我根本没有找到属于自己的号码，其实，这还是因为你不愿正视自己魔鬼的一面。

慧眼
识人

　　认识自我，才能驾驭自我，这是一个不变的真理。在九型人格中，如果你找不到自己的号码，那么，一定是你不愿面对自己的阴暗面。对此，你也不必懊恼，你可以静心思考一下：你做事的动机是什么？找到了做事的动机，你就能遵循剥洋葱的方法，一步步认识自己。

九型人格是人际交往的法宝

我们都知道，九型人格是我们认识自己的最佳工具，实际上，它还能帮助我们成功实现与人交往。的确，人际交往中，我们做的每一件事、说的每一句话，都不是盲目的。我们可以利用九型人格来认识他人，掌握对方的性格、内心需求和期望，我们做事的效率才会提高很多。我们先来看下面的故事：

杜薇是刚毕业的一名学生，幸运的是，她应征上了一家大型公关公司的策划人职位，成为令人羡慕的白领一族。

上班第一天，她带着谨慎来到公司，如她所料，办公室里果然是美女如云，站在人群中，杜薇突然有一种"丑小鸭"的感觉。正在想时，一个美女走过来，热情地冲杜薇打招呼，杜薇自然也是热情回应，然后打量了这位同事，发现她颇有王熙凤的风范：一身很惹眼的名牌。正当这位同事

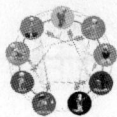

和自己说话时，她看到其他好几个同事都投来一个鄙夷的眼神。杜薇认识到这应该是一个不受欢迎并且爱表现的同事，因此她给自己敲了一个警钟：以后不要和这位同事深交，否则不仅在职业上没有上升的空间，还得罪了所有人。

上班的第一天，根据自己的观察，杜薇把办公室的同事以及领导都划归为几个类型，并用不同的方式与他们每个人相处。果然，不到半年，她就在一片支持声中升职了。

现代社会的职场人士，除了要具备一定的职业能力外，还必须学会怎么和同事、上司相处，杜薇的聪明之处，就是在上班的第一天弄清楚了每个人不同的性格。

的确，人际交往中，我们不仅要从大局着眼，还要心思细腻，与每个人处好关系，这样才能在交往中处于主动的地位，周旋在各种矛盾中而立于不败之地。我们知道，人是这个世界上最具智慧的一种动物。人能了解许多事物，却难于了解人本身，难于捉摸的是人的心理、需求、欲望和人的个体特征。当然，人类是聪明的，总是能找出各种方法来解决难题，九型人格便告诉我们如何看透他人的性格、做事的动机，教会我们有的放矢地与他人进行沟通，这样，人际交往自然也就会很轻松。

根据九型人格理论，人际交往中，我们需要做到以下三点。

1. 培养自己的观察力，看透他人的性格

在与人相处的时候，我们要具备一定的洞察力，一步到位看清对方的性格。比如，从难以伪装的习惯动作看出对方的心态，从被忽略的生活点滴推知对方的性格，这样才能在最短的时间内，达到我们的社交目的。

在现实生活中，有些人内心方正，有些人内心圆滑；有些人对外方正，有些人对外圆滑。从这个角度考察，人物呈现四种形态；内方外方、内方外圆、内圆外圆、内圆外方。和不同形态的人交往，要用不同的交际之道。若对方性格直爽，便可以单刀直入；若对方性格迟缓，则要"慢工出细活"；若对方生性多疑，切忌处处表白，应该不动声色，使其疑惑自消。

2. 培养良好的心态，九号性格中没有最好的

实际上，我们了解的性格是没有优劣之分的。我们在与人打交道的过程中，会遇到不同性格类型的人，是不是你不喜欢对方的性格就可以不与之交往呢？当然不是，对此，我们需要调整自己的心态，并与每一种类型的人和平相处。

3. 到什么山，唱什么歌

中国有句谚语说："到什么山唱什么歌，见什么人说什么话。"大多数交际红人都深谙此道，所以才能在交际中左右逢源，大出风头。同样，九型人格也告诉我们，不同的人做事会有不同的习惯。因此，针对不同的人，我们应该采取不同的应对方式。

每个人，由于生活环境、接受的教育程度、性格、性别、社会地位等等方面的不同，导致了他们所能接受的说话方式、语言习惯等方面的不同。因此，与人说话，一定要看清对象，因人而异。"见什么人说什么话，因人而异"是非常必要的，否则就会犯"对牛弹琴"的错误。

当然，人际交往中，我们也不能戴"有色眼镜"看人，一个人的内心，只有他们自己最清楚，我们不需要妄加评论。另外，我们不可厚此薄彼地怠慢任何一个朋友，也不要曲意逢迎比你位高权贵的人。

慧眼
识人

人际交往中，如果我们想轻松地达到自己的目的，就要先了解自己，了解别人，看清楚彼此的位置和他人的动机。学习九型人格，我们就能够更好地知己知彼，不但在性格方面可以了解得更多，而且在心态方面、在个人的内心感受力方面，都会有很好的把握。

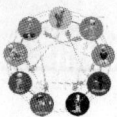

九型人格是经验不是理论

九型人格，人们原认为是一套高深的理论知识，但实际上，随着人们对九型人格理论的进一步研究、探索发现，原来九型人格是可以运用到现实生活中的经验，而不是枯燥的理论。其实，从九型人格的起源中，我们就可以发现这一点。

1875年，为了探索人类文明的成果，一个俄国人曾经带着一些学者来到阿拉伯一带。他们发现，在很多山洞里都有九柱图，他们对这一点很好奇，便在当地询问，从一些老者的口中，他们才得知，这些图原来是游牧民族发明的一门研究人的性格的学问。

与阿拉伯一代人民的生活习性不同，我们中国是农耕社会。与人打交道，是我们每个中国人生下来就要学会的技巧。而游牧民族需要经常迁徙，学会与人打交道就显得尤为重要，在搬家的过程中，他们需要让新邻居接纳他们，于是，在长期的打交道的经验中，便发明了一门学问——九型人格。九型人格可以帮助他们观察原住民的喜好，分析原住民的性格类型，然后投其所好。从这里，我们也可以看出九型人格是一种非常实用的经验，而不是理论。为此，我们需要对九型人格中的九柱图进行一番分析。

原本，人们认为，表达性格的九个数字是客观的，但却没有人情味，人们才根据各个类型性格给它们冠上了名称，这就是九型人格的由来。

对九柱图的说明如下。

圆代表性格的整合：也就是说无论做哪一行，只要你能发现自己的职责所在，你就拥有无尽的能量，你的专长也会被淋漓尽致地发挥出来，你会有一种充实感。事实就是这样，找到自己的擅长，你做起事来就会游刃有余。举个很简单的例子，假如你有一张存折，如果上面只有几百块钱，那么，你肯定觉得不够花，而假设上面有上亿元，你还会有这样的感觉吗？

三角形代表天时、地利、人和：这表明，在我们的一生中，一些是生来铸就的，一些是可以改变的，天生的有性别、相貌、出生年月等；而可以改变的有工作、学历、配偶、生存方式等。

六边形代表变化无穷。九型性格是一种经验，而不是理论，因此，光看九型人格的书是无法将其应用于实际生活中的。九型性格之所以复杂，并不只是表现在性格的不同上，还表现在各种类型在顺境和逆境中的表现也不完全相同。另外，心态不同也会有完全不同的表现。这就是生活中，我们常会问：性格相同的人，为什么会有这样不同的表现？

事实上，每个号码内心的动机是不会变的，只有外在的表现在顺境和逆境中会有改变。在这些连线中，箭头的正方向是整合，是顺境中的表现，如九号在顺境中会有三号的一些好的特征；箭头的反方向是分解，是逆境中的表现，如九号在逆境中会有六号的一些不好的特征。

你有没有留意，从小到大，有些事你特别擅长，特别喜欢，而有些事你特别不擅长，特别不喜欢，这是因为你从一出生就拥有了自己的人生主题，也就是带着特殊的使命。

在九型人格中，每一种人格都有着不同的使命：

一号说，我的使命是公正和善良；

二号说，我的使命是把爱带给人间，我的世界就是爱的世界；

三号说，光有公正、善良和爱还不够，我的使命是建功立业，我把成就带给了这个世界；

四号说，我的使命是把独特的美带给人类，我的一生都在不断创新，创造独特、另类的东西；

五号说，你们做了这么多事，谁来帮你们归纳总结呢？我来吧，我把所有人的经验归纳总结成书，把知识带给世界；

六号说，我带来了一个算式，1加1等于几？如果1加1用好了就等于无穷大，所以我把忠诚带给这个世界；

七号说，你们又是成就，又是忠诚，那我把快乐带给大家吧，我的使命就是快乐；

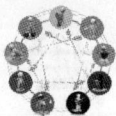

八号说，你们干这个，又干那个，谁来领导你们呢？我来领导你们吧，所以我是要做指挥者的，我的使命就是权势；

九号说，我来之前，一个八号带着一帮人在建立自己的王国，另一个八号也带着一帮人在建立自己的王国，两个王国一旦接壤就有冲突，所以我摇着橄榄枝来到了这个世界，把和平带到了这个世界。

每一种人格都有自己的特殊使命，这个特殊的使命就好像我们内心的一团火，是我们内心的激情。

我们都是带着特殊的使命来到这个世界的，因而我们的号码是一生不变的，就像出生日期永远不变一样。我们的使命决定了我们的取向，决定了我们善于做什么，不善于做什么。

慧眼
识人

　　曾经，九型人格只在香港和台湾盛行，而现在，它已经传到了大陆。随着这方面的宣传和书籍的增多，人们对九型人格的认识和了解也就更多了。并且，已经有很多人开始把九型人格运用到读心术中，从而帮助他们更好地与人打交道。因此，我们完全可以说，九型人格是经验而不是理论。

九型人格的基本特征介绍

我们都知道，九型人格学是一门古老的学问，被誉为了解他人的利器。譬如管理顾问、企业家、心理学家、精神分析家、培训师、律师、心灵导师等，都在工作中广泛有效地运用九型性格学。同时，知己才能知彼，了解我们自身的性格特点，不仅能帮助我们更精准地定位、提升和完善自己，更能帮助我们更好地与人交际。

那么，具体来说，九型人格的基本特征有哪些呢？

第一型——完美主义者(完美型)

完美型的人希望把每件事都做得尽善尽美，希望自己或是这个世界都更完美。他们经常告诉自己还不够完美，经常不满意自己的表现，从而容易造成心理负担，很难尽情享受生活。

一般的完美型有以下特质：

温和友善、忍耐、有毅力、守承诺、贯彻始终、爱家顾家、守法、有影响力的领袖、喜欢控制、光明磊落、对人对事无懈可击。

第二型——热心助人型(给予型)

给予型的人很在意别人的感情和需要，他们认为对人亲切是赢得他人好感的手段。因此，他们十分热心，愿意付出爱给别人，看到别人满足地接受他们的爱，才会觉得自己活得有价值。一旦得不到别人的善意回报，就会气愤地说："我对你这么好，你竟然不领情"，并感到不满与不舒服。

一般的给予型有以下特质：

温和友善、随和、绝不直接表达需要、婉转含蓄、好好先生/小姐、慷慨大方、乐善好施。

第三型——成功追求者(实干型)

实干型的人希望能够得到大家的肯定。他们是野心家，不断地追求进步，希望与众不同，受到别人的注目、羡慕，成为众人的焦点。但他们往往太过于讲求效率，为了达到目的就会不择手段，不顾自己与别人的立场。这种人不重视自己的感情世界，对于空虚、无奈、温柔等会妨碍效率的种种感情，会像机器人一般视若无睹。

一般的实干型有以下特质：

自信、活力充沛、风趣幽默、蛮有把握、处世圆滑、积极进取。

第四型——浪漫主义者(浪漫型)

浪漫型的人很珍惜自己的爱和情感，所以想好好地滋养它们，并用最美、最特殊的方式来表达。他们想创造出独一无二、与众不同的形象和作品，所以不停地自我察觉、自我反省、自我探索。

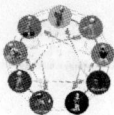

一般的浪漫型有以下特质：

容易情绪化，喜欢追求艺术性和浪漫性的事物，爱幻想，认为只有悲剧性事物才是最美的和真实的；他们有极强的审美能力，对衣着和需要搭配性的事物都有自己独特的见解，具有创造力，但常表现出消沉和沮丧的情绪。

第五型——智能追寻者(观察型)

观察型想藉由获取更多的知识来了解环境，处理周遭的事物。他们想找出事情的脉络与原理，作为行动的准则。有了知识，他们才敢行动，也才会有安全感。

一般的观察型有以下特质：

温文儒雅、有学问、条理分明、表达含蓄、拙于词令、沉默内向、冷漠疏离、欠缺活力、反应缓慢、隔岸观火。

第六型——固守忠诚者(忠诚型)

忠诚型相信权威、跟随权威的引导行事，然而又容易反权威，性格充满矛盾。他们的团体意识很强，需要亲密感，需要被喜爱、被接纳，并得到安全的保障。

一般的忠诚型有以下特质：

忠诚、警觉、谨慎、机智、务实、守规、纪律维持者。

第七型——乐天主义者(享乐型)

享乐型想过愉快的生活，想创新、自娱娱人，渴望过比较享受的生活，把人间的不美好化为乌有，所以他们总是不断地寻找快乐、体验快乐。

一般的享乐型有以下特质：

快乐热心、不停活动、不停获取、怕严肃认真的事情、多才多艺、对玩乐的事非常熟悉亦会花精力钻研、不惜任何代价只要快乐、嬉笑怒骂的方式对人对事、健谈。

第八型——能力领袖型(保护型)

保护型是绝对的行动派，一碰到问题便马上采取行动去解决。想要独立自主，一切靠自己，依照自己的能力做事，要建设前不惜先破坏，想带领大家走向公平、正义。

一般的保护型有以下特质：

具攻击性、自我中心、轻视懦弱、尊重强人、为受压迫者挺身而出、冲动、有什么不满意即场发作、主观、直觉。

第九型——和平追随者(和平型)

和平型往往自卑，他们认为自己没有多大的价值，也不是重要的人物；不爱自己，对自己的决定没有信心，想从别人身上得到力量。

一般的和平型有以下特质：

温和友善、忍耐、随和、怕竞争、无法集中注意力、不到最后一分钟不会完工、非常倚赖别人的提醒、对大多数事物没有多大的兴趣、不喜欢被人支配、绝不直接表达不满；当有压力时，会变得被动、倔强、顽固甚至愤怒地还击，到他们发怒时，可能已是相隔了一段时间，他们自己也无法确定真正的原因。

慧眼
识人

根据以上九型人格的一些基本的特征介绍，我们大致可以对自己的性格进行归类。当然，了解自己和别人的人格类型后，不是希望给每一个人贴上标签，拿自己的类型做借口而划地自限，或是断定别人会有什么行为表现。因为每一型的人也都有朝向健康或是不健康的方向，而产生不同变化。

检验你的人格类型

我们都知道，人格被分为九型，而你必然属于其中一型。那么，我们该怎么检验自己属于哪种人格类型呢？对此，我们不妨来做一些测试题。

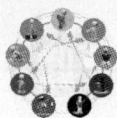

（1）下面有108道陈述，每道陈述后面所指向的数字就是"九型"中的一种。

（2）如果你认为某项陈述符合你，便记住后面所指向的数字。

（3）统计相加，看你符合的陈述指向的数字哪种最多。最多的数字很有可能就是你的类型号。

①我常被眼前的事迷惑——9

②我很讨厌被人批评，但这样的事却经常发生——1

③我喜欢向别人讲述一些哲理——5

④我很在意自己是不是还年轻，因为老了还怎么找乐子——7

⑤我认为人应该一切靠自己——8

⑥当我有困难时，我会试着不让人知道——2

⑦我最痛苦的事，是被人误解——4

⑧施比受会给我更大的满足感——2

⑨经常，我会因为幻想糟糕的事情而使得自己陷入苦恼中——6

⑩我常常试探或考验朋友、伴侣的忠诚——6

⑪那些不坚强的人实在没用——8

⑫我很在意身体是否舒适——9

⑬我觉得我能触碰生活中的悲伤和不幸——4

⑭别人不能完成他的分内事，会令我失望和愤怒——1

⑮我有时常拖延事情的毛病——9

⑯我觉得生活就应该多彩一点——7

⑰我还不够完美——4

⑱我很注重感官，我喜欢美食、漂亮的衣服，并喜欢享乐——7

⑲如果别人请教我，我会很清楚地为他解释、分析——5

⑳陌生人面前，我很喜欢推销自己，这没什么不好意思的——3

㉑偶尔我会做出在别人看来很疯狂的事——7

㉒我会因为没有帮上别人的忙而痛苦——2

㉓那些空泛的问题实在令人讨厌——5

㉔在某方面我有放纵的倾向(如食物、购物等)——8

㉕我宁愿迁就我的爱人、家人，而不愿和他们对抗——9

㉖我认为，我最讨厌的一类人是虚伪的人——6

㉗我认为自己是个懂得改正的人，但认为自己很好强，还让周围的人觉得不适——8

㉘我觉得人生很有趣，很少显得颓废——7

㉙我觉得自己很矛盾，有时候，我觉得自己很有魄力，有时又觉得自己依赖性太强了——6

㉚人际交往中，我宁愿付出，而不是接受——2

㉛面临威胁时，我会变得焦虑，但同时我也会选择正面迎击危险——6

㉜社交场合，我更愿意他人主动找我说话——5

㉝我喜欢周围的人注意我，把我当主角——3

㉞即使别人批评我，为了不伤和气，我一般不辩解——9

㉟有时，我希望别人能对我的行为提出指导，但有时却忘了他人的指导——6

㊱我经常忘记自己的需要——9

㊲发生一些大事时，我能克服内心的焦虑和质疑——6

㊳我认为自己说话很有说服力——3

㊴我从不相信我认识不深的人——9

㊵我觉得还是依照老规矩行事好——8

㊶我很爱我的家人，我对他们很包容——9

㊷我被动而优柔寡断——5

㊸我对人很礼貌，但却不知道为什么总是不能与人深交——5

㊹我觉得自己不大会说话，即使关心别人也不知道怎么开口——8

㊺当我醉心于工作或者我的爱好中时，会让他人觉得我疯狂、冷酷——6

㊻我常常保持警觉——6

㊼我觉得我不必要对所有人尽义务——5

㊽在无法确保表态完美前，我宁愿沉默——5

㊾我做的比计划的要少——7

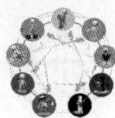

(50)我喜欢挑战，喜欢攀登高峰—— 8
(51)我觉得自己能一个人完成任务—— 5
(52)我常有被人抛弃的感觉—— 4
(53)朋友常说我很忧郁—— 4
(54)与人初次见面，我好像表现得很冷漠—— 4
(55)我的面部表情严肃而生硬—— 1
(56)我常常陷入下一秒不知道要干什么的苦恼中—— 4
(57)我对自己要求很严格—— 1
(58)我感受特别深刻，并怀疑那些总是很快乐的人—— 4
(59)我认为自己是个高效率、善于举一反三的人—— 3
(60)我讲理，重实用—— 1
(61)我认为自己的思维能力很强，很有创造天分—— 4
(62)我并不太在乎周围人是否注意到我—— 9
(63)我喜欢把一切安排得妥妥当当，但别人却认为我过分执着—— 1
(64)我认为爱人必须要心心相印—— 4
(65)我认为自己很好，我很有信心—— 3
(66)如果谁做了过分的事，我一定会给他颜色看看—— 8
(67)我外向，精力充沛，每天好像都有使不完的力气—— 3
(68)朋友认为我很忠诚—— 6
(69)我知道如何让别人喜欢我—— 2
(70)我很少看到别人的功劳和好处—— 3
(71)我很容易知道别人的功劳和好处—— 2
(72)我嫉妒心强，喜欢跟别人比较—— 3
(73)我常不放心把事情交给他人，批评一番后，自己会动手再做—— 1
(74)别人会说我不真实—— 3
(75)和爱人交往，我很喜欢试探对方—— 6
(76)我会极力保护我所爱的人—— 8
(77)我常常可以保持兴奋的情绪—— 3

⑦我喜欢与那些有趣的人交往——7

⑦我常帮助朋友——2

⑧我觉得办事效率比那些所谓的原则重要得多——3

⑧我似乎不大会开玩笑——1

⑧我是个热情并且有耐性的人——2

⑧众人在场的情况下，我会觉得不安、局促——5

⑧我讨厌做事拖泥带水——8

⑧如果我的举手之劳能让他人快乐，那么，我也会觉得快乐——2

⑧别人若是拒绝我的帮助，我会很受挫——

⑧我的肢体硬邦邦的，不习惯别人热情的付出——1

⑧如果没有熟人在场的社交，我宁愿不参加——5

⑧很多时候我会有强烈的寂寞感——2

⑨朋友常把我当成倾诉的对象——2

⑨我不大会恭维人——1

⑨我常担心一旦做出承诺，会牺牲自由——7

⑨我喜欢把自己知道的都告诉别人——3

⑨我很容易认同别人为我所做的事和所知的一切——9

⑨我觉得做人就要坦坦荡荡，即使会因此与人发生冲突——8

⑨我很有正义感，有时会帮助那些弱势的人——8

⑨我太注重琐碎的事而导致效率不高——1

⑨我不大容易愤怒，但却会经常感到沮丧和麻木——9

⑨我不喜欢那些攻击性太强的人——5

⑩我的心情常常阴晴不定——4

⑩我不大喜欢别人打听我的感受——5

⑩我更喜欢人际关系刺激一点——1

⑩我不大喜欢别人诉说他们的心事，却喜欢那些笑话和趣事——7

⑩我喜欢凡事按照规则、规矩来，否则就乱套了——1

⑩我觉得周围的人不爱我——4

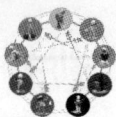

⑩如果我想结束一段恋爱，那么，我会直接告诉对方——1

⑩我不喜欢竞争——9

⑩我认为我是个多变的人，有时善良可爱，有时却暴躁不安——9

当然，这个结果只是一个供参考的结论，更精确的判断还需要在深入了解和揣摩比较后获得。

慧眼识人

通过一些检验，你能找到自己的人格类型。事实上，一个人的基本人格类型是不会变的，即使在现实生活中，因为某些因素而有了某些隐藏或调整。

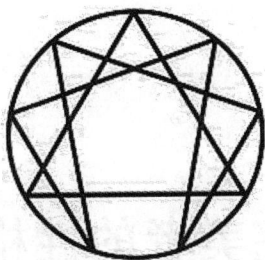

第3章
■一号完美者——
挑剔苛求心理的探秘解析■

　　在九型人格中，一号完美者有这样一些性格特征：他们追求完美，以高标准要求自己和他人；他们渴望被人认同，当别人不同意他们时，他们会尽力反驳；他们认为世界非黑即白，对就是对，错就是错；他们做事循规蹈矩，不大能适应新的工作；他们追求公正、公平，喜欢为他人打抱不平……当然，苛求心理的存在，归根结底还是他们的性格使然。不过，我们也不能否定，他们的性格中也有很多闪光点。总之，全面了解一号性格者，是我们与他们打交道的第一步，只有先了解他们的性格特征，我们才能做出更精确的交际策略。

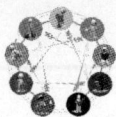

一号完美者的性格特征

在九型人格中，我们首先来谈谈一号性格者。在生活中，一号性格者有什么样的性格特征呢？我们又该怎样判断与我们交往的人是否是一号性格者呢？

我们先来看下面一个故事：

陈明是一名心理学专家。在与人打交道时，他习惯把对方剖析得彻彻底底，如对方的性格、内心所想、行为趋向等。他深刻的洞察力让他交到了不少的知心朋友。

高中毕业后的二十年，他应邀参加了几个老朋友组织的聚会，曾经一起嬉戏的高中哥们聚在一起，总有说不完的话。席间，又来了一个同学，陈明打量了一下这位老同学，他西装革履，头发一丝不苟，皮鞋锃亮锃亮的，陈明一看他的着装，便大致知道他是什么性格类型的人。于是，陈明开始试探地与他说话："听说你已经当了处长了，但你这样清正廉明的人，肯定没有什么灰色收入吧。"

"你怎么知道的？"听到陈明的话，对方很吃惊地问。

接下来，陈明又说："你做人很公正和正直，当官不一定升得快！"

对方更惊奇了：对啊，我当处长都十几年了，你怎么知道？

这次聚会上，这位老同学好像找到知音似的，抓着陈明的手聊了很久。

这则故事中，陈明的这位老同学就是典型的一号完美主义者，他为什么升官不快？因为他太公正了，他从不允许自己有任何行为上的缺失，不仅如此，他希望周围的人也是公正的。即使是他的上司做了任何一件错事，他也会毫不留情地指出来。得罪了上司，让上司没面子，他在仕途上还会顺风顺水吗？当然不会！如果他们真的升迁了，那么，一般情况下也不会是因为他

们的人缘好，而是因为他们是有能力的，是个实干家。

当然，除了公正以外，一号完美主义者还有以下一些基本性格特征。

1. 他们讲原则，大义凛然，追求正义

例如，他们最讨厌办公室政治，在办公室里，无论别人玩什么把戏，他们都不在乎，他们认为只要把自己的工作做好就行。

2. 他们认为世界非黑即白，没有灰色地带

在他们眼里，世界是黑白分明的，对错是有明确界限的，对就是对，错就是错，为此，他们做事原则性也很强。

3. 他们有着比一般人高的道德底线

为了证明自己是对的，他们是很少会有婚外恋的。他们追求完美，因而一般会把多余的精力都投入到工作中去。他们很少去酒吧等娱乐场所消遣，因为这对于他们来说是不对的，是违反内心设定的行为习惯的。

4. 他们有着崇高的理想

他们喜欢周围的环境是和谐的，因此，只要团队变坏，他们就会站出来改良。

5. 他们认为人应该不断进步

在完美主义者看来，到处都是提高和改进的空间，一些严重强迫型的完美主义者会把大量休息时间花在自我提高上面。

6. 他们渴望被人认同

如果你不认同他们，他们内心就会有负罪感，认为是自己做的不好，也可能会批评你周围的人。

例如，工作中，如果上司告诉他："你这样做是错误的。"接下来，他会想方设法证明自己是正确的。他会说："老板，这件事情应该是这样的。"于是，老板再次证明他是错的。他不得不离开办公室，可是十分钟以后，他居然又来找老板。老板再一次证明是他不对。好不容易老板将他打发走了，但谁知道，下班后，他居然又打电话追来了："今天在单位做的事情是这样的。"老板第三次证明他是错的。第二天一早，他又来找老板了："昨天的那件事是这样的。"

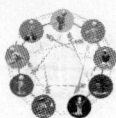

7. 他们更喜欢按规则办事情

例如，排队时，如果有人插队，他们是决不允许的；公交车上，谁没有为老弱妇孺让座，他们有时候也会站出来指责的。

慧眼
识人

完美主义者身上所表现出来的特点，就是绝对的"清教徒"式的，他们勤劳、有正义感、独立、努力，他们严格克制自己的行为，不让自己的行为有半点差池。事实上，正是因为对自己的高标准要求，让他们忽视了自己的期望到底是什么，怎样才会让自己获得快乐。当然，从这些性格特征上，我们便能很快洞察出他人的性格类型，从而采取进一步的交际策略。

一号性格的身体语言

在生活中，你可能认识这样的人：他们不苟言笑，当周围的人开玩笑时，他们很少参与；人群中，我们总是一眼能找出他们，因为他们总是着装正式，在服装上很少有什么变化，他们也很少改变自己的发型……总之，他们给人的感觉就是一本正经的。他们就是一号完美者。可见，从他们的身体语言中，我们能判断出他们的性格类型。

可能你会认为九型人格读心术很神秘，其实不然，只要我们善于抓住别人内心世界的某些外在表征，如身体语言，以这个为切入点，自然就能看透一个人。我们先来看下面一个故事：

崔晓燕有着周围人羡慕的职业——心理医生，但正是因为识人无数，让她左挑右选到了30岁还没有恋爱对象。在朋友一次次的催促下，已经成为

"剩女"的她也不得不加入相亲的队伍。

那天，在母亲和一群朋友的把关下，崔晓燕决定在一家相当有品位的酒吧进行她人生的第一次相亲活动。崔晓燕深知第一印象的重要性，于是，在一番精心打扮之后，她来到了酒吧。当她在酒吧门口的时候，就看见一个人已经跟她打招呼了，此人不错！为了尽显自己的窈窕身姿，展现自己的迷人风采，崔晓燕开始改变自己的走路方式，慢慢的，迈开小碎步，向酒吧大厅缓缓走去……

可是，走近那个男士一看，崔晓燕才发现，这是一个中规中矩的男人，一身笔挺的西装，长相周正，干净的短发，没什么面部表情，双手放在腿上。从这里，崔晓燕已经能大致看出对方的性格了，不过，为了确定自己的判断，不给对方贴上性格的标签，崔晓燕还是想继续看看。接下来，对方直截了当地说："相信我的职业、年龄、家庭环境你都知道，我们都不小了，我觉得我们都别耽误彼此的时间了，要是可以，我们尽快结婚怎么样？"崔晓燕一听，果然如自己所料，这种性格的人说话很直接，不怎么顾及他人的感受。她知道这样的人在恋爱中一般不会主动，而她当然不喜欢这样的人，于是，她便随便找了个理由离开了。

的确，人的性格、情绪、人品都溢于言表，一个人的内心世界也不可能没有外泄的部分，一个人在坐立行时表现出来的身体语言就是很好的表露，只要我们善于发现，然后加以分析，即使"伪装"得再好的人，我们也能发现其破绽。很明显，与崔晓燕相亲的这位男士就是一号性格的人：他们的身体一般是硬挺的，坐有坐相，这与他们追求完美的性格是分不开的。

我们再来看下面这位先生的自我描述："我是一位银行会计，长期与金钱打交道，这让我形成了严谨的工作作风。我不知道自己是不是一号，但一般来说，只要我做出什么决定，就很难改变了。在教育孩子时，我经常批评他，很少夸他，最近，我才知道，总是批评人不好，于是，我开始尝试改变自己。其实，我觉得自己应该算是个受欢迎的人吧，因为我总是对朋友很诚信，答应别人的事，我就会努力做到；但无论做人做事，我都有自己的原

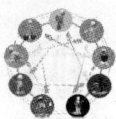

则，而当我的原则和利益发生冲突时，我会考虑事情的利害关系，如果利益重大而标准不太重要的话，我可能会动摇，但大的原则问题我决不会动摇。"

从这位先生的叙述中，我们可以很肯定他就是典型的一号。其实，每种性格的人在很小的时候，就已经从呈现出某些特征。对于一号而言，他们在很小的时候就已经表现出大人的某种"成熟"。

一天，幼儿园老师对所有的小朋友说："大家要乖哟，现在都把手向后背着。"此时，也许其他性格类型的人会在表面答应老师的情况下还在背后搞点不一样的小动作，但对于一号性格者而言，他们则会乖乖地听老师的话，一直笔挺地坐着、手背着。

当然，我们不能单凭肢体语言就给他人贴上性格标签，因为我们也不能排除一些特殊情况的出现，比如某些职业的人也会有这样的肢体语言，军人就是一个很好的例子，无论他是什么号码，都会坐有坐相、站有站相。

因此，我们还应综合考虑其他方面因素，例如，一号性格的人的面部表情一般是僵硬的，脸上的肌肉也是呈竖条状的，他们即使笑，也会让人觉得很不自然；另外，他们在语言表达上也通常很直接，不懂得婉转。

慧眼识人

我们总结一下，一号性格的人在身体语言上有以下特点：

硬挺，可以长久保持同一姿势；

面部表情变化少，严肃，笑容不多；

讲话缺乏幽默感，直接，毫不留情，不懂得婉转；

重复信息多次，速度偏慢，声线较尖。

总之，我们要学会"窥一斑而知全貌"。了解一号性格的人的身体语言，能帮助我们确定对方的性格类型，进而看透他的行为动机，把思想和注意力引向正确的方向，排除摆在眼前的交际诱惑，看清眼前的形势，从而妥善规划自己的交际策略。

一号性格者的语言密码

在九型人格中，一号完美型性格者又被称为改革者，因为他们很喜欢否定别人，这一点，很多时候，都体现在语言上。因此，细心的你可以发现，他们很喜欢说"不是的"、"不应该是这样的"等。当然，一号性格者还有很多语言上的特色，掌握他们的语言密码，能帮助我们在人际交往中确定他们的性格类型，而不至于一刀切地给他们贴上性格的标签。

我们先来看下面一个案例：

林女士是一家事业单位的领导，平时在工作中，她一直精益求精，并且为人公正，因此，她一直很受下属们爱戴。但在教育孩子的问题上，她却遇到了一些难题，尤其是当儿子进入初中之后，她和孩子的关系更是闹得很僵，她只好请自己的一个做老师的姐妹刘老师来调解。

这天，刘老师来到她家，单独会见她的儿子。这个大男孩上小学时参加过刘老师组织的夏令营，对刘老师很热情，也很乐意和她聊天。

"我妈这人总把工作中的态度带到家里来，她对我太苛刻了。上次我考了98分，结果她还问我：'剩下那两分呢？'我原本高高兴兴地想回家跟她分享我的成绩，结果被她泼了一盆冷水。自打那次之后，我再也不和她说话了。"

"你妈也不容易，她在单位是领导，操心的事不少，回家又要做饭，照顾你，够累的，她爱发脾气可能是到了更年期……"

"更年期？"没等刘老师讲完，男孩就迫不及待地接过话头，"自打我上学，我妈就这样，无论我说什么，我爸说什么，她就没肯定过。您给我来个倒计时，更年期哪天结束？我也好有个盼头！"

刘老师忍不住笑起来，她很同情这个男孩。刘老师心想，大概是林女士的性格使然吧。以前，她就发现，林女士是个典型的事业单位领导的"派头"：她总是一身工装，一头长发盘起来，戴个眼镜。刘老师曾经看过关于

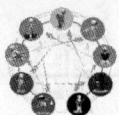

九型人格的书，她心想，林女士应该是一号性格吧。当然，这只是刘老师的猜测，为了证明自己的猜测，她想和林女士谈谈。

"其实，您儿子真的很优秀了，班上的男孩平时都很爱玩，一到放学都去打球，他却直接回家做功课。"刘老师想试试林女士的反应。

"嗯，他本来就应该这样啊。现在考个好大学多难，照规矩，我觉得还应该给他报几个辅导班，但最近一直忙，没时间去。"林女士说完这些话，刘老师大致就明白了。林女士这种性格的人多半都是这样说话的。在判断了对方的性格后，刘老师决定暂时还是不要否定她，回去先研究一下说服她的对策。

从这个案例中，我们看到了一号性格的人的一些语言习惯。案例中的林女士喜欢说："不是的"、"应该是"、"照规矩"这些词语，这是由她的性格决定的。一号性格的人喜欢按规矩办事，喜欢否定别人。

作为一号性格的人的孩子，他们经常也要接受父母的挑剔。当他说："妈妈，我得了98分。"一号性格的人的回答肯定是："那两分呢？"这就是一号，他们从来不会先给予肯定，而总是先看到不足。

在生活中，你可能有这样的生活经历。某天，你和一个一号性格的朋友去吃饭，想必你们之间会有这样的对话。

你问："咱们中午吃什么？吃火锅怎么样？"此时，她会回答："不好。""那面条呢？"你接着问。"不好。"她答道。"那自助西餐吧？"你又问。"不好。"她的回答照旧。"那你说吃什么？"你终于不耐烦了。"我也不知道。"她的回答实在让你抓狂。

为什么一号性格者会有这样的语言习惯呢？因为他们的性格已经让他们形成了一种全盘否定他人的习惯。他们不喜欢做选择，在他们看来，一旦选择错误，就意味着他们在别人眼里变得不好了，所以，在开口之前，他们已经习惯先说"不"，然后才从这些否定性意见中找出一个答案。

慧眼
识人

一号性格的人常常喜欢否定别人，但他们自身却不喜欢做决定。他们常用的词汇有：应该、不应该；对、错；不、不是的；照规矩……根据这些语言信号，能帮助我们准确判断对方的性格类型。

一号性格者在情感上的心理体现

在生活中，每个人除了工作和学习之外，还有情感生活。当然，不同的人对待情感的态度是不同的，而决定这一因素的就是人的性格。而九型人格中，感情是一号性格的人最不擅长的。面对感情，他们常常采取的态度是逃避、压抑，会把多余的精力放到工作中，以此来淡化情感。关于这点，我们先来看下面一个案例：

最近，小樱交了个男朋友，他们是相亲认识的。刚开始，小樱对他的印象很好，他为人诚实、对人很好、做事原则性很强；他也很有爱心，就连平时在公交车上，他也很少坐，都把座位让给了老人、小孩；他不抽烟、喝酒，不去夜店，即使约会，他也经常带小樱去图书馆这样的公共场所。小樱认为，他是个值得自己托付终身的人。于是，交往了三个月之后，小樱想把他带回家给父母看看，可是，他却支支吾吾，一直没有答应。

接下来的几天，小樱一直给他打电话，他都说自己要加班，小樱怀疑：难道他已经有女朋友了，才不敢跟自己回家见父母？可是，小樱从他的朋友那里打听过，他没有女朋友，这让小樱很苦恼。小樱又想，既然他不愿意，那么，肯定有理由，还是不要强求吧。

自从这件事后，小樱发现，他花在工作上的时间更多了，甚至连周末他也在工作。小樱实在受不了，便主动提出了分手。

再后来，一次偶然的机会，小樱遇到了他的同事，两人一起喝咖啡，小樱便道出了内心的郁闷。

"你说我到底做错了什么，他要那样对我？"

"哎，其实，你们感情的事，我也不知道说什么好。龙哥是个好人，对待工作也很认真，但他对自己太严格了。自从你们好了之后，他虽然也开心，但他好像总觉得把时间花在谈恋爱上是一件罪恶的事。后来，你说要回家见父母，他更是慌了，可能是想逃避吧。哎，太追求完美的人就是这样，对待感情太压抑了。"

听完这位同事说的话，小樱的心结也解开了，原来并不是自己的原因。她只能长叹一声："唉……"

这里，小樱交的男朋友应该就是一号性格的人。他为什么会选择把精力都放在工作上，因为他们苛求自己的性格又作怪了。这类人认为，只有工作才能给自己带来充实感，只有努力工作、完善自己，才是自己的任务。因此，对待感情，他们都是被动的、压抑的，甚至会选择逃避。生活在他们周围的人，如果不了解他们的表现是性格使然，便会对他们产生误解，有些人甚至会离他们而去。

当然，除了逃避外，他们还有其他一些情感心理，具体表现在以下几方面。

1. 追求完美

他们不仅希望自己追求完美，也希望周围的人都追求完美。例如，他的配偶在某些行为习惯上与他不一致，那么，他是一定会指出来的；并且，在选择配偶上，他也会彻底贯彻自己的这一原则。

2. 愿意跟随大队

他们的行为和思想都是追求正义的、公正的，也是随大流的。因为他们坚信，大家都认同的，一定是正确的。

3. 他们讨厌不守规则的人

如果你想与一号性格的人交朋友或者与他们和睦相处，你就要按照他们的习惯遵守规则。在公共场合，你不能做出有伤大雅的事；排队买东西时，

你也不要插队；一切遵守规则，才不会被他们留下话柄。

4.有很强的责任心，对感情很专一

他们有很高的道德底线，始乱终弃的事情是不会做的。

一般来说，如果两个一号性格的人组成家庭，那么，他们的感情一定会很稳定，因为他们对生活的完美追求不谋而合。他们注重实际而独立的生活，注重身体健康，注重正确的生活方式，注重获得成就的价值感，这些基本共识是他们和谐相处的基石。

慧眼识人

归结起来，一号性格的人在感情生活中的特征有：压抑，否定将感情注入工作/活动中，追求完美，愿意跟大队，讨厌不守规则的人。了解这些，能帮助我们在与他们打交道时做到有的放矢，而不至于触碰他们的心理底线。

一号性格者的职场表现

在我们的工作中，总是有一号性格者这样的人。不能否定的是，作为老板，是比较喜欢一号性格这样的下属的，因为他们会把大部分的时间花在工作上，会把工作放在第一位，即使在玩乐时，他们也会告诫自己，"我们会变得懒惰，工作就无法完成了。"当然，随着一号性格者们在职场扮演的角色的不同，他们的表现也是不同的。

首先，如果一号性格者担任的是领导者的角色，那么，他们的特点是有责任感和正义感。在工作中，他们会以身作则，在向下属传达某种思想时，他们会确保自己能做到，因此，他们是公正的、赏罚分明的。在他们眼里，

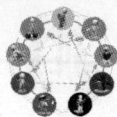

无论下属做了什么，对的就是对的，错的就是错。另外，他们能将家庭生活和工作很好地区分开来，不会混淆。即使他们在家庭生活中遇到了再大的事，也不会影响到他们的工作。当然，工作中的情绪他们也不会带到家里去。但对于他们的下属而言，他们可能有个缺点，那就是吹毛求疵、挑剔，也不容许别人说他们是错的。一旦别人否定他们，他们就开始批评周围的人。总之，一号性格的上司有这样一句座右铭：我是对的，你是错的。我们不妨来看看一个职场故事：

周末这天，严华终于抽出时间，离开了令人窒息的办公室，她把自己的姐妹玲玲约出来，两人约在了一家咖啡厅见面。

"最近怎么样？"玲玲问道。

"什么都好，就是这个工作，快让我崩溃了啊，以前做小职员的时候倒还好，现在一当主管，原以为做了领导可以轻松点，但没想到事情更多，什么事都要亲自处理。"

"我看你呀，就是太追求完美了，还记得我们上过的培训课程吗？测试显示你就是追求完美型性格的人，其实，很多事，你不去做，交给下属，会更好。"

"怎么说？"严华不理解玲玲的意思。

"你想啊，如果你是下属，你的领导什么都不让你干，还什么都要插手，你怎么想，是不是觉得领导不相信你的能力？"玲玲说完后，严华点点头。玲玲继续说道："那就是啊，你自己累个半死，还出力不讨好。你看那些大公司的领导为什么那么闲，没事就去打高尔夫什么的，就是因为他们懂得放权，把工作交给下属做，这样，不仅锻炼了下属的能力，更重要的是，这是一种信任下属的表现。"

玲玲的一番话点醒了严华，她决定调整一下自己的管理方式。

我们发现，这则案例中的严华就是一号性格的人。在管理下属的过程中，他们常常会表现出不放心的心理，明明把工作交给下属了，却还是什么都要过问，让下属感到无所适从。

其次，假设一号性格的人在职场中扮演的是下属的角色，那么，正

如文章开头所说的，在责任心方面，老板是喜欢这样的下属的。但很多时候，他们还表现出其他一些令人接受不了的特征，例如，他们会不顾领导的面子，当众指出领导的失误，让领导很难堪；他们认为只要做好自己的工作就好，不需要刻意讨好领导，他们很少因为对方是领导而对其报以微笑。

再次，如果一号性格者是你的同事，那么，你会发现，他是被大家隔绝出来的"外星人"，因为他无趣、不苟言笑，不懂得办公室的人情世故，还经常对你的行为指指点点，认为你做得不好；而当你指出他行为上的缺失时，他却追着问你原因，让你很难堪。当然，每当办公室出现一些不公平现象而大家都不敢出来"吱声"的时候，他却主动站出来，为弱小的一方打抱不平，这一点，也常让你佩服不已。并且，他们在工作上投入了很多精力，如果你与他一起完成一件工作任务，你会省心不少。

慧眼识人

一号性格的人在职场中所表现出来的一些行为特质是由他们的性格类型决定的。了解以上三种情况，能帮助我们在职场顺利地与这类性格的人打交道，无论他是你的上司、同事还是下属，你都能找到应对他们的对策。

一号性格者如何调节心理

在生活中，我们常说："人无完人。"既然人都不是完美的，那么，人就会犯错误。然而，对于九型人格中的一号性格，他们却不允许自己犯错误，也不允许他人犯错误，过分追求完美的个性常常使得他们看起来木讷、呆板，过于自律也使得他们忽视了自己内心的快乐。

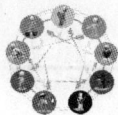

因此，我们发现，作为一号性格者，为了不让自己活得累，他们需要适度调节自己的心理。具体来说，他们可以根据以下几个方面进行调节。

1.承认错误的存在，让自己安心

一号性格者常常纠结于自己和他人犯的错，一旦自己犯了错，他们便陷入深深的自责之中；而他人犯错，也会遭到他的批评。为此，他们不仅内心受到煎熬，人际关系也可能变得紧张起来。对此，聪明的解决办法就是让自己安心，承认过去的错误，好好研究它。"那是过去的事，现在是现在，但是没错，我记得。"

美国作家哈罗德·斯库辛写的一篇《你不必完美》的文章中，有这样一则故事：

一次，他在孩子面前犯了个错，他很担心自己曾经在孩子心中建立起来的伟大形象因此而被摧毁，所以，他不愿意承认错误。就这样，他每天都受着内心的煎熬，日子过得十分痛苦。

后来，终于有一天，他鼓起了勇气，给孩子们道了歉，承认了自己的错误。结果，令他感到惊喜的是，孩子并没有因此而不再爱他，反而对他更崇敬了。

从这件事中，他感叹道：人犯错误在所难免，那些经常有些错失的人往往是可爱的，没有人期待你是圣人。

这个故事告诉我们：正视错误，拒绝完美，才令我们完整。因此，对于一号性格的人来说，你们不要太苛求自己了，允许自己犯错，才会活得轻松。

2.偶尔可以宣泄自己的情绪

对于一号性格者而言，他们是不允许自己表达糟糕的情绪的，因为他们不允许自己失控。实际上，正是因为过分自律，才让他们的压力更大。所以，一号性格者不妨尝试偶尔宣泄一下自己的情绪，并尝试一些放松练习，如唱歌、听音乐、运动等，并且，要抱着一种享受的心情发泄，这样，很快会感受到快乐。

3.这个世界并不是非黑即白的

在一号性格者的内心，他们相信这个世界不是黑就是白，是没有灰色地带的。例如，当他们发现爱人的某个缺点后，他们就会全盘否定爱人；他们认为，工作如果不是无瑕疵的，就是令人尴尬的。

对此，一号性格者必须要调整好自己的心态，很多事情都不是绝对的黑或者白，周围的人也都是优缺点并存的，即使找寻了很久的爱人也是如此。因此，一号性格者必须要抛弃这样的想法："如果我的感觉不好，我要么选择了错误的爱情，要么就是我自己有问题。"一号性格者应该学会面对现实，学会看到痛苦的价值。

4.别害怕被拒绝，主动开口

一号性格的人很多时候都不愿意主动开口，他们害怕被拒绝。无论是他的爱人还是朋友，常常会被他的一些外在行为而困扰，这是因为他不愿意主动沟通。所以，一号性格的人必须学会主动把自己的想法说出来与他人沟通。

一号性格的人应勉励自己：人生是没有完美可言的，完美只是在理想中存在，生活中处处都有遗憾，这才是真实的人生。事实上，追求完美是盲目的。"完美"是什么？是完全的美好。这可能吗？"凡事无绝对"，哪里来的"完全"？更不要提"完美"了。

慧眼识人

什么事情都有个度，追求完美超过了这个度，心里就有可能系上解不开的疙瘩。对待自己的错误不依不饶的人，总是不想让人看到他们有任何瑕疵，给人的感觉是过分宽容，看似开朗热情，其实活得很累。因此，如果你是一号性格的人，那么，为了让自己活得更快乐、轻松，不妨尝试着调节一下自己的心理，让一切顺其自然！

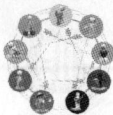

与一号性格者和谐亲密相处之道

一号性格者最大的性格特点就是追求完美，对于周围的人和事，他们是挑剔的。很多人便认为，与一号完美者是无法和睦相处的，因为没有人喜欢被人否定。然而，只要我们能掌握好他们的性格特点和一些与他们相处的策略，其实与他们相处也并非难事。我们先来看下面一则案例：

老周是公司里资历较老的员工，他对专业技能的掌握程度可谓无人能及。不过，老周是个典型的完美性格的人，平时，即使是做过很多次的工作，他依然会按部就班、认认真真地再做一次。对于这份工作，他虽然已经可以做到信手拈来，但毕竟现在的企事业单位都是追求创新的。这不，在单位干了几十年，他的年龄也不小了，对于新事物的理解和接受难免有点力不从心。特别是电脑、互联网的介入，老周越来越感觉到自己需要学习的地方太多了。

其实，老周的顶头上司刘主任早就看出来老周的心思，他心想，这是为这位"完美"的下属排忧解难的好机会，一定不能放过。其实在平时的工作中，老周也没有少让主任难堪，但从单位利益看，刘主任觉得还是不要和下属计较。

刘主任虽然和老周年龄相仿，但却是个新潮人。后来，每当老周在电脑里鼓捣那些英文单词的时候，刘主任都会主动帮他纠正发音，就这样几次接触，老周发现，刘主任是个热心肠的人，对下属也很宽容。后来，二人私下居然成为了很好的朋友，经常下班后一起喝点小酒、一起下棋。

一次，老周心血来潮问了刘主任一个很敏感的话题："曾经你是不是认为我是个讨厌的下属？"

刘主任知道，老周这么问，就说明他已经真的把自己当朋友了。于是，他也说出了实话："你是一个很有批判精神的人，但有时候批判虽好，还得

提出些建设性意见啊。幸亏是我，换成其他人，你可能早就被开除了。"刘主任说完，两人一起笑了。

这则案例中，我们不得不佩服刘主任的处世智慧。在与一号性格的下属相处时，他并没有以上司的身份压住对方，而是找准机会，帮助对方学习英语。在获得对方的认可并且双方成为好朋友时，他才指出对方行为处世上的一些不足，这样比直接提出对方的不足要好得多。的确，一号是压抑情绪的类型，即使有困难，也很少主动找人帮忙。同时，对于新工作、新的学习内容，他们会显得束手无策。因此，作为他们的上司或同事，如果你能主动站出来为他们排忧解难，那么，这对于增进彼此之间的关系将大有好处。

那么，具体来说，我们该如何与一号完美主义者相处呢？

（1）你若想接近他们，那么在与他们沟通的时候，就必须抱着理性、端正的态度，才能获得他们的认同。在用词上，不能模棱两可，而且说话要具有权威性，这样，你才会得到他们的尊重。

（2）可以适时表现一些幽默感，缓和他们的严肃僵硬，借以牵引他们放松心情。人都有追求快乐的欲望，但一号性格者往往压抑着自己的这一追求。我们在交谈时若能主动谈及一些幽默话题，那么，他们也会因为身心感到放松而愿意接纳我们。

（3）当你不明白为什么他们突然生气时，其实，你不必太过在意，也不必追问他们为什么会有这样的态度，更不必与他们产生冲突，因为他们的情绪是莫名的，并不是针对你的！

（4）说话要真诚、直截了当。他们很敏感，也很聪明，他们能清楚地判断出他人的动机。因此，对于别人玩弄伎俩、另存动机，会了然在心。如果你拐弯抹角，只会令他们不屑与厌恶！

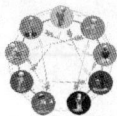

在与一号性格者打交道时，我们要从他们的性格特征入手，遵循以上几条原则，帮助我们成功攻破他们的心理防线，从而让他们从内心接受我们，实现和谐、亲密交往。

一号性格者的闪光点

根据九型人格学说，我们已得知，每一种性格，并没有优劣之分。的确，即使我们再不喜欢的一个人，他的身上也有值得我们肯定的闪光点。同样，对于追求完美、循规蹈矩甚至苛求他人的一号性格者也是如此。那么，他们的闪光点有哪些呢？

1.遵纪守法，诚恳待人

尽管他们有时候给人的感觉比较呆板，但正因为他们按章、按规办事，所以他们绝不允许自己做违反法律和道德的事，他们能给人们带来安全感。例如，在一个公司内部，如果由一号性格者担任财务工作，那么，领导者大可以放心。

我们不妨听听一号性格者是如何描述自己的性格的：

"从小，我就很听话，每天早上按时起床、吃饭，从不迟到。我觉得，一个好学生是不应该违反纪律的，如果迟到一次，我会自责好久。放学回家后，我都是先做作业，做完作业后，我会检查好多遍，确保没问题了，我才会吃晚饭。晚上九点钟，我会准时上床睡觉。我学习努力，所以成绩不错。但我不知道老师为什么把小勇安排为我的同桌，他是个成绩不好的学生，有

一次考试，他让我给他看我的答卷，我坚决没有同意，我认为做人诚实是最重要的，为此他好长时间没理我！"

2. 他们有着伟大的梦想和有价值的目标

一号性格者，因为身上有强烈的责任感，所以无论是对自己、他人还是整个社会，他们总是在努力，努力让整个世界变得更好。

因此，一旦决定了某个正确的目标，或者他们感受到来自领导的期望，他们就会忘我地工作来让对方满意，而不是和某些人一样只为了薪金或者权力工作。

在各行各业内，他们都是敬业的、精益求精的，也希望能够教导他人去追求最好。他们相信人们在获得正确的信息后，就会改变生活状态。

3. 他们的内心总是渴望着做好事

关于这一点，我们也先看一则案例：

老王今年45岁了，在同事眼里，他是个老古董：他每天上班都走同一条路线，每天穿样式相同的衣服，甚至每天上厕所都很有规律，上午一次下午一次。以至于在同事们的眼里，谁要和老王走得近，就是一个没有性格的人。但经过那件事后，大家彻底改变了对老王的态度。

这天，该到吃午饭的时间了，单位食堂的饭实在让大家难以下咽，于是，大家决定AA制去附近的一家餐馆吃饭。老王心想，既然是AA制，就破例一次吧。

走在路上，大家有说有笑，正在这时，大家看见一个卖水果的老婆婆和一个中年男人吵起来了。听老婆婆的意思是，中年人给了假钱，但他就是不承认。看到这里，大家面面相觑，似乎谁都不想管这桩闲事。这时候，老王径直走过去，大家在原地等他，十分钟后，大家看情形不对，原来那个中年人竟然动手打了老王，他们赶紧赶了过去。人多势众，对方不敢怎么样，最后，只得如数付了买水果的钱。

看着流鼻血的老王，大家都投去了赞赏的目光。自从这件事后，再也没有人在背后嘲笑老王了。

的确，一号性格的人是不允许不公正的事出现在自己的视线内，因

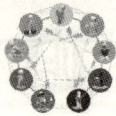

此，对于此类事件，他们不会袖手旁观，而这是很多其他性格类型的人做不到的。

4. 不会感情用事，能将生活和工作分得很清楚

在工作中，他们的情绪很稳定，即使与爱人吵架、孩子不听话，他们也不会让同事看出来。因为他们认为，工作是工作，生活是生活。所以，作为领导，如果把重大任务交给一号性格的下属，就不必担心他们会感情用事。

5. 对待感情专一、认真

与一号性格的人恋爱、结婚，你也完全不必担心他们会出轨，会背叛你，因为他们有很高的道德标准，是不允许自己做出违背道德的事。而在教育子女时，他们也会以身作则，能给孩子树立一个好榜样。

慧眼识人

人们常常会误认为，一号性格类型的人是无趣的、呆板的、毫无生机的、爱批评人的，因此，有些人不愿意与一号性格的人交往。但事实上，我们看到的只是他们不好的一面，其实，他们身上有很多闪光点，当然，这些闪光点远不止以上五点。在日常生活中，我们只有学会看到他人身上的闪光点，才能抛除偏见，真心待人。

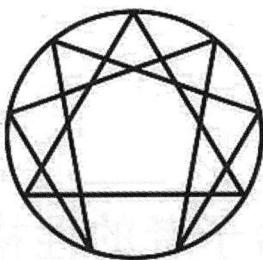

第4章
二号给予者——
成全奉献心理的探秘与解析

在九型人格中，二号性格者最大的行为特征就是"给予"，他们希望通过帮助他人、为他人付出的方式来赢得他人的支持和肯定。他们随时能感应到他人的情感、品位和爱好，最擅长服务别人。他们的奉献心理是因为他们渴望获得爱，因此，在自己的给予得不到回报时，他们便感觉被背叛了，甚至会变得暴躁起来，控制不住自己的情绪。

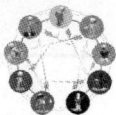

二号给予者的性格特征

在九型人格中，二号性格者被称为给予者。从这里，我们便可以大致看出他们的基本性格特征：好帮助他人。的确，在生活中，就是有这样一些人，他们似乎就是为别人活着的，只要别人有需要，他们总是主动伸出援助之手；他们渴望通过对他人的帮助来实现自己的价值；他们似乎有一套灵敏的雷达系统，总是能迅速探测出他人的情绪和喜好。其实，这都是二号性格者的特征。对此，我们不妨先来看下面这个笑话：

一天，一位二号性格者坐公共汽车，就在他坐下不久后，车上上来一位老太太。他立即站起来，对老太太说："老人家，您坐。"

老人家道了谢之后就坐下了。二号性格者站在老太太旁边，看着窗外的风景，他心里特别高兴，因为他今天做好事了。

过了几站，老人家起身要走，二号性格者赶紧摁住老太太，然后说："老人家，我不累，您坐您坐。"

又过了一站，老太太又站了起来，二号性格者又摁住了老太太："老人家，我真的不累，您坐。"老太太着急地说："我坐过站了。"

这虽然是个笑话，但却让我们对二号性格者的性格特征有了更为详尽的一些了解：他们喜欢帮助别人，可从来没有考虑过自己的帮助是否让别人舒服，是否是别人所需要的。

老王是某单位的员工，他有一位品貌俱佳的妻子，她是个很优秀的女人。在单位，她是先进工作者，是骨干；在家，她将丈夫和孩子的生活安排得妥妥当当，从不让丈夫插手任何一件家务事，无论是买菜做饭还是洗衣拖地，她全都包了。

在单位，当大家一提到自己的妻子时，都对老王投来羡慕的眼光，但老王总觉得自己的妻子和别人的妻子有天壤之别。结婚第十年，老王居然与他的贤妻离婚了，据说单位和亲朋好友调解多次，妻子也不解地问他"哪点对不住你"，但他铁了心，坚持离她而去。很多同事曾直截了当地问他是否另有新欢，是不是喜新厌旧，他只是说："过腻了，这样活着，吊不起胃口。"

老王的妻子应该就属于二号性格者，我们先不讨论她的做法在婚姻中是否得当，但我们却能看出：二号性格者比其他人更喜欢照顾、帮助他人，他们喜欢大包大揽、事无巨细，他们愿意奉献自己、施予别人，即使很累，他们却感到很兴奋，并乐此不疲。

对于二号性格者来说，他们更看重的是人的感情，因此，他们对金钱并不是很在乎，甚至他们连自己的钱包里有多少钱都不大清楚。在办公室里，你看到的那个最温馨的办公桌一定是二号性格者的，上面贴满了很多可爱的图画，有很多可爱的娃娃；在家庭生活中，他们最喜欢的事就是买各种小饰品来布置家；他们喜欢把家人的生活照顾得妥妥帖帖，让他们的工作和生活无后顾之忧，因此，能成为他们的家人是很幸福的。

那么，为什么二号性格者喜欢以帮助别人来获取价值感呢？其实，在童年时代，他们的生活可能缺乏安全感，因此，他们告诉自己，只有满足他人才能获得爱，于是，他们学会了更多地考虑别人，甚至会为了适应他人的生活而调整自己，被迫放弃自己的需要，来换来他人的关爱。久而久之，他们便形成了一个这样的价值观：他人的需要是重要的，自己必须能洞察到他人的需要，并且主动满足他人的需要，这时他们自己才是被需要的。在这样的价值观驱动下，二号性格者表现出一种能力，就是洞察他人需求的能力，并通过自己主动的付出来满足他人的需要。

二号性格者喜欢与人打交道；他们很在意别人对自己的看法；他们喜欢通过对他人的帮助来获得认同。他们认为，生活就是不断地给予，就是为他人提供服务。但一旦他们的付出得不到肯定、接纳或回报，他们就会感到非常失望。了解以上二号性格者的性格特征，能帮助我们学会判断他人和自己的性格，并学会与他们相处。

二号性格的身体语言——柔软而有力

在九型人格中，二号给予者是感性的、热心的、友善的，是渴望与人交往的，并且，在与人交往的过程中，他们常表现得十分友好。其实，这一点，我们也可以从他们的身体语言中看出来。初次见面时，与其他性格类型者相比，他们更愿意给你一个大大的拥抱，或者紧紧握住你的手。如果你主动握他的手或者抱抱他们，他们一定会很喜欢你。另外，如果他们与朋友一起去玩，他们一定会情不自禁地拉对方的手，或者手挽手。对此，如果他们是异性，你千万不要以为他（她）对你有意思，这只是因为二号性格者愿意与人有身体接触而已。我们先来看下面一个案例：

小李所在的公司最近新来了一个女同事小柔，大概二十出头，应该是从大学刚毕业不久。公司所有的同事都很喜欢她，她总是很乐于助人，当别人说谢谢时，她总是说："不客气，举手之劳而已。"当小柔实习期结束后，领导将她和小李分到了一个小组。长期一起工作，小李渐渐对这个姑娘产生了好感，但却不知道对方是怎么想的。

一个周末的上午，小李在家百无聊赖，便打电话给小柔，想约她一起吃个饭或者看个电影，小柔倒也爽快地答应了。

来到约会地点以后，两人便商量好去对面的一家西餐厅吃饭，就在过马路时，小柔居然拉起了小李的手，这着实让小李受宠若惊。他心想，人家女孩都主动了，自己也不能落后。自打这件事以后，他就把小柔当成自己女朋友了，并在自己的微博上发表了很多情感宣言，就是想告诉所有的朋友和同事自己恋爱了。当然，小柔也看到了。

这天，吃午饭的时间，小柔问他："李哥，你谈恋爱了，哪家姑娘这么有福气啊？"小李一听，先是愣了半天，但转念一想，难道是她故意试探自己，想让自己将这件事"昭告天下"吗？于是，他给小柔使了个眼色，这让小柔丈二和尚摸不着头脑了。小柔赶紧低下头，自己一个人吃起饭来，没有继续这个话题。

这天下班后，小柔在门口等小李，小李看见小柔，高兴地拉起了她的手，小柔赶紧甩开，然后说："李哥，你是不是误会什么了？"

"你不是答应当我女朋友了吗？"

"我什么时候答应了？"

"那天你拉着我的手过马路，难道不是这个意思？"

"啊，对不起，李哥，是我的错。我曾经做过一个测试，我这人的性格就是这样，我会情不自禁地拉朋友的手。我到现在还喜欢和妈妈一起睡觉，我早上出门前还会亲一下我爸爸。真是我的错，我让你误会了。"

"算了，没事，幸亏我中午没有跟大家公开，哈哈，晚上回去我再在微博上发一条'分手了'就行了，你不必介怀。希望这件事不要影响我们的工作，我们还是和从前一样，好吗？"

"嗯，好啊。"误会解开后，两人都轻松了很多。

这则案例中，小李为什么会对小柔产生误会？因为小柔的一个无心的动作——拉了他的手，而其实，这只是二号性格者愿意与人产生身体接触而已。正如小柔所说，他们因为希望被人爱，所以会主动表达对他人的亲近，如拍拍你的肩膀、拉拉你的手等。

当然，他们除了喜欢用身体接触取悦人外，通常还喜欢笑，他们的脸上会整天挂满笑容。在大街上，或在某些人流聚集的地方，如火车站、机场，

你可能会看到有人对你微笑，不要误解，那不是人家对你有意思，只是他爱笑而已。大早上，你在公司走廊里碰到了某个同事，他左手拿着咖啡，右手拿着面包，见了人就会笑着问："吃早饭了没，没吃我给你。"这肯定是二号性格者。

慧眼识人

　　二号是个很有魅力的号码。在人际交往中，他们会情不自禁地拉起你的手，会在你心情不好时主动抱抱你，让你觉得很温暖，他们总是能让周围的人感受到他们的友好。不过在与二号性格者交往时，我们需要注意的是，不要对他们的某些肢体语言产生误解，那是他们天性使然。

二号性格者的多层次心理描述

　　在九型人格中，每一种人格都有它的核心特质，但并不是所有特质都符合，只要基本欲望和基本恐惧都符合，那么，我们就能肯定此人的性格号码。同样，二号给予者也是如此。二号的基本恐惧是：不被爱、不被需要；基本欲望是：感受爱的存在。根据这一点，我们引申出了二号性格者的多层次心理。也就是说，即使是同一种类型的性格，在不同阶段，也会因为素质、勇气、自信等，活出不同的人生境界。对此，我们不妨从一个案例说起：

　　曾经，有位老师在为学员测试性格类型时，遇到一个长相甜美、身材娇小的女士，她告诉老师，自己没有很明显的二号性格者的特征，如喜欢赞美别人、乐于助人，或者愿意抱抱别人等。这让她很犹豫，我的性格是不是二号呢？

对于她的问题，老师问她："你的基本欲望和基本恐惧呢？"

"这两点倒是符合我，和朋友出去吃饭，无论是吃辣的还是甜的，川菜还是东北菜，我都行，即使我不喜欢吃西餐，他们如果都想吃，我也愿意陪他们去。"

"那我觉得你是二号性格，因为，二号性格的人一般更对人感兴趣，而不是物或者事。在二号性格的人看来，无论怎样都可以，只要你心里想到我的好就行了。"

"可是我觉得九号性格的人好像也是这样，我觉得自己的性格也有点像九号呢。老师，你帮我分析一下吧。"

对此，这位老师接着问："那你是喜欢独处还是和大家一起呢？"

"我更喜欢和大家一起。"

"那你的性格还是偏向二号。"

"在你看来，爱很重要，家庭很重要，友谊很重要，对不对？"这位老师继续追问道。

"是的，我觉得人活着最重要的就是爱。我对我的家人很好，逢年过节我都会买很多的礼物，有爸爸妈妈的、哥哥姐姐的、弟弟妹妹的，甚至侄女、外甥的，人人有。只要有我在，我就会帮大家做很多事情，让家里的氛围其乐融融。"这位女士陈述道。

"那现在，我可以肯定你就是二号性格了，因为对于二号性格的人来说，爱是最重要的。"老师的话音刚落，这位女士很认同地点了点头。

这则案例中，这位女士对于自己的性格类型比较犹疑，这是因为她只看到了表象，但最终在老师的分析下，她发现自己的基本欲望和基本恐惧是符合二号性格者的。所以，我们在辨别号码时要注意：内心是关键，外在的表现与生活环境有关，不必太在意。的确，我们每个人的生活环境、经历、学历等方面都不同，从而出现了很多影响我们判断的表象。

总之，无论如何，我们可以得出一个结论，同一性格的人也会因为不同层次的心理而产生一些不同的行为特征。那么，对于二号性格者而言，有哪些不同层次的心理呢？

第一层：无条件付出爱

开始承认自己也有个人需求，开始肯定自己的感受，对人还是无条件付出，但却充满欢乐，活得洒脱、有品位。

第二层：有同情心、关怀他人

对人充满爱心，没有私心，重视他人的感受。

第三层：肯支援和付出

欣赏和支持别人，肯付出自己的精力、时间，开始愿意表达自己的感受，分享自己的快乐。

第四层：占有欲强、干预性强

内心害怕对方对自己的爱不够，或者担心对方爱别人多过而自己变得敏感，甚至会监视对方的行为。

第五层：善意取悦别人

担心因为自己的付出不多而得不到他人的认同、喜爱，因此，他们会采取取悦他人的方式来培育和经营关心。

第六层：令人吃不消

希望他人称赞自己，会提醒别人对自己有亏欠，情感压抑而导致身体出现问题。

第七层：操控

因为害怕被背叛而首先采取措施，即使得不到爱，也要让对方依赖自己。

第八层：威逼利诱

为了爱开始不顾一切，甚至会不顾颜面。

第九层：扮演受害者

不能面对自己的自私行为以及承认曾经伤害自己而彻底崩溃，需要别人的帮助才能再站起来。

慧眼
识人

不同心理层次的二号性格者在对待"给予"这一问题上的态度、行为是不同的，因此，如何"给予"也决定了他们是否活得快乐，是否活得有境界。假设你是二号性格者，那么，了解二号性格者的心理层次，就能帮助你认识自己的心理，看到自己的行为动机，最终帮助你实现更高层次的转换。

二号性格者的语言密码

在九型人格中，每种性格人的都有一定的语言密码，有时候，我们通过识别他们的语言密码就能大致看出其性格类型。对于二号性格者而言，他们渴望被人爱和爱别人，希望通过对别人付出来体现自己的价值。因此，如果你的交往对象经常对你说："你坐着，让我来""不要紧""没问题""好""可以""你觉得呢"，那么，他一定是个二号性格的人。

二号性格者的语言习惯在吃饭时会表现得淋漓尽致。如果你和你的某个朋友或同事一起吃饭，而对方是二号性格者，那么，他肯定会帮你主动摆碗筷，主动盛饭、盛汤，你想自己动手，他会说："你坐着，让我来。"你说："××，你也多吃点。"那么，他肯定会说："不要紧的，不用管我。"

在工作中，假如你希望他帮你做件事，那么，他会非常高兴，并且会爽快地答应你："好的，可以的。"中午时间到了，你想和他一起吃午饭，你问他："中午吃什么？"他会回答："你觉得呢？"你让他点菜，他肯定会推辞："还是你来吧。"你看，二号性格的人是多么可爱。

当然，二号性格者在语言表达上，还有以下一些特征。

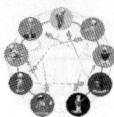

1.语速稍快，想到说什么说什么

二号性格的人是感性的，在与人交谈时，他们通常会想到什么就说什么，所以语速通常比较快，听上去很容易让人觉得他们说话不经过大脑思考。然而，这个世界不是只有逻辑性的思考才是智慧，情感和生物的本能也是一种非常强大的智慧，只是不同的人会偏向喜欢用某一种智慧而已。因此，我们可以说，二号性格者的率性也是一种智慧。

2.声音一般较低沉

他们之所以有此语言特征，与他们的性格特征是相吻合的。他们有着一种天生的本能——能随时观察到别人的需要，因此，他们会考虑自己的话是不是被别人听清楚，声线也就自然而然比较沉。

3.敢于调侃自己来调动交谈氛围

在很多人在场的情况下，为了调节氛围，不至于让大家很闷，他们会选择开自己的玩笑来博大家一笑。

例如，他们会讲一件自己的糗事，或者故意耍宝。当有人因为说错话、做错事而陷入尴尬境地时，他们也会出面解决。因此，可以说，二号性格的人总是很善良。

小王和老周同在办公室工作。他们的顶头上司彭主任就是个典型的二号性格的人。一次，小王去市政府听报告，老周不知道，因此对小王很有意见，当面质问小王。小王面对老周的质问，不知如何是好，一言不发，而老周一顿狂风暴雨发作之后，也气呼呼地坐在椅子上。顿时，整个办公室，谁也不敢多说一句话。

这时候，彭主任走进来，对老周说："听报告没有通知你，这不是小王的错，是我没有让他通知你，因为你们两人有一个人去听报告就行了。你如果有意见就对我提吧，不要责怪小王啊。"老周听后，觉得自己错了，于是主动向小王致歉，他们又和好如初。

生活中有很多彭主任这样的人，他们不想看到周围的人不高兴，因此，他们宁愿自己背黑锅，也不会让事态僵持下去。

慧眼
识人

　　以上三点总结出了二号性格者的语言密码。总之，二号性格的人在语言表达上给人的总体感觉是亲切的、热情的、柔和的。他们是渴望爱人和被人爱的，是喜欢帮助别人的，因此，在语言上，他们也会体现出自己善解人意的一面，多半都会寻求对方的意见。与二号性格的人交往，为了迎合他们的这种"给予"的心理，我们可以适当"做主"，让他们感觉到自己是被你需要的，和你的关系也会更进一步。

二号给予者的真实需求是什么
——爱和被爱

　　二号性格者是通过帮助他人来实现自我价值的，他们的基本恐惧是不被爱、不被需要，基本欲望是感受爱的存在。因此，从表面上看，二号性格者似乎已经习惯了帮助别人、满足别人，但从实质上看，他们是渴望爱和被爱，这就是他们内心的真实需求。因此，在二号性格者看来，家人、朋友、同事都是需要他们帮助的，一旦他们的付出没有得到认可和发现，他们就觉得受到了很大的打击。当他们帮里忙外后，如果别人能说一句："辛苦了。"甚至是对他们点点头，他们就觉得自己的价值得到了认可。我们先来看下面一个案例：

　　张女士是个典型的二号性格的人，她经常在忙完一通后问老公："你爱我吗？"

　　只要她的丈夫回答："爱。"她会立即说："那你帮我洗个苹果。"

　　在妻子的调教下，她的老公现在学聪明了，一旦妻子问这个问题，他便说："现在不爱，一会儿再爱。"

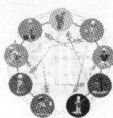

张女士这样陈述："我爱别人，也希望别人爱我。如果我爱别人，别人却不爱我，我就接受不了。我是个喜欢温馨的人，即使现在三十几岁了，我还是喜欢买很多布娃娃，我喜欢把房间布置成粉色，窗帘、床单甚至拖鞋都是粉色的。住在这样的环境下，我感到很舒服。另外，我对人家的好我都记得，如果他们对我不好，我就会把旧账全部翻出来。"

的确，这位张女士就是典型的二号性格者，他们有着一本自己的感情账本，而这是因为他们渴望被爱，这是他们付出爱的目的。苦点累点都没关系，但当他们的付出没人领情时就会很有情绪！

"我最害怕家人和朋友不爱我。平时，我对他们的付出都是无条件的，但当他们不接受时，我就会不开心。我认为，连我最亲近的人都伤害我，我太痛苦了，然后，我就会产生很多负面的情绪，我会变得暴躁，女儿常常很无辜地看着我。但我就是怎么也控制不了自己的情绪。其实，我之所以会这样，是因为我心里有本感情账本，我平时对他们好，就是在储蓄，而一旦我发现我的付出和回报是失衡的，我的情绪也就产生了！"

因此，总结起来，我们可以把二号性格者的需求归结为以下两点。

1. 爱别人：证明自己的价值

二号性格者的基本思路是：我若不帮助人，就没有人会爱我。因此，在人际交往中，他们常常会有以下表现：

"我很敏感，别人喜欢不喜欢我，我一眼就能看出来。我也懂得如何让别人喜欢我，因此，无论是参加聚会还是其他活动，我都能让自己成为焦点。"

"对于朋友的困难，我实在看不过去，只要我知道他们有困难，我就会一直放心上，然后我会寻找各种解决问题的方法，看看能不能帮上忙。如果有机会，我都不会放弃。"

"我认为我的交际能力很好，因为我掌握了赞美的艺术，对于不同的交谈者，我能找到不同的赞美方法。因为我知道人人都喜欢被人肯定和赞美。"

"我从来不知道怎样表达自己的需要。偶而我尝试关注自己的内在感觉，它竟然是空空荡荡的，尤其是没有人在我跟前的时候。"

其实，二号性格者之所以会有这样的表现，是因为他们渴望被肯定、被

认同、被喜欢。

2.被爱：控制的欲望

对于二号性格者而言，他们在提供给别人帮助的同时希望能够得到回报。因此，表面上看，他们是温柔的、和善的，总是善解人意的，也从不表达自己的需要。但其实，在二号性格者的骨子里，他们是渴望控制他人的，其中包括他人的情感。他们帮助了他人很多，因此，他们更希望可以这样继续下去。并且，他们投资得越多，这种控制的欲望就越强烈，因为他们希望得到回报。

例如，他们对朋友很好，朋友有什么事他们都帮忙，他们常常充当朋友的倾诉者的角色。因此，他们也希望朋友能这样对待自己，能经常黏着自己。但假若他们的朋友没有这样对待他们，他们就会感到很失望和受打击，觉得被朋友背叛了；甚至他们可能会对朋友施加压力，以控制他们。这里当然不是说每个二号性格的人都是这样的，但当他们状态不佳、心情不太好时，的确有机会出现以上倾向。

慧眼识人

如果你也是个二号性格的人，你需要注意的是，帮助他人，应该要看清楚自己的动机。真诚地帮助他人可以得到他人的尊重与认可，但你若渴望被人爱，首先要学会爱自己，自己都做不到爱自己又怎能期待别人爱自己呢？

二号性格者处理情感生活的方法

二号性格者是希望通过帮助他人来实现自我价值的，他们渴望得到他人的肯定和喜爱，他们渴望友好的人际关系。他人的好感对二号来说就像氧气

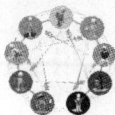

一样不可或缺。他们所有的行为动力都是来自于情感，对于他们来说，用理性的思考来决定自己的行为是比较困难的事情。因此，在处理感情生活上，他们也多半是感性的，以关系为中心的。我们先来看一位"女二号"的表述：

"我对我男朋友的家人非常好，尤其是对他妈妈，我一有时间就去看她，给她买衣服和补品，还陪她逛街。她身体不大好，我每天早上上班前还会去陪她跑步，下班了陪她散步，她爱吃什么菜，我都会按照菜谱上的做法，学着做给她吃。我自认为我对我母亲都没有这么好，但我心里清楚，这并不是因为我像爱我母亲一样爱她，而是因为我爱我的男朋友。我希望他明白，我爱他，也同样会爱他的母亲，我是为了他才这么做的。如果他能够明白，那么，他就会更加爱我。"

从她的表述中可以看出，二号性格的人很重视关系。为了获得他人的好感，他们会表现得十分活泼并且精力充沛。当他们察觉出别人在某一方面有需要时，他们便会投入所有的情感，这一点，无论是对待亲人、爱人还是朋友都是如此。而一旦他们发现，自己的付出被人忽视，投入可能得不到回报时，他们就会陷入慌张之中，甚至表现得暴躁、歇斯底里等。

那么，对于二号性格者而言，他们到底是如何处理情感生活的呢？对此，我们不妨根据不同的情况进行分析。

首先，在婚姻爱情上。

对于二号性格者而言，他们如果喜欢谁，就会主动追求某人。在外人看来，他们甚至好像在有意勾引某人，但实际上，这只是他们热情的表现，是为了赢得对方的注意而已。

二号性格者追求异性的方法多半都是通过不断的付出，在付出的过程中他们能体会到一种自我肯定的快乐。然而，在追求异性的过程中，他们会为了迎合对方的需要而将自己的某些特质隐藏起来。当二号与爱人的感情进入一定的时期后，他们不再去努力满足伴侣的需要，而是开始反抗。

为此，我们经常会听到二号性格者问自己的爱人："你爱我吗？"他们虽然对爱人照顾有加，但实际上，在情感上，他们是很依赖对方的。因此，

他们需要通过操控对方来保证对方是爱自己的。

如果二号无法得到他们想要的，他们的脾气就会变得越来越大。愤怒一旦爆发，他们就会变得歇斯底里，无法控制。他们生气往往是因为没有得到他人的赏识，或者感到自己被他人的需求所控制。

"平时，我对他那么照顾，生活起居都安排得那么细致，我这是为了让他没有后顾之忧。可是，前些天，我生病了，我躺在卧室里，他却在客厅的沙发上悠闲地看电视。只有在我说我渴了的时候，他才会端进来一杯水。看到他这样，我好难受，为什么他不能像我对他那样对待我。如果他病了，我一定会陪在他身边，给他做饭，给他买药。总之，我是不会扔下他看电视的。"

其次，在人际关系上。

在与人打交道这点上，二号性格者也是主动积极的，他们扮演的永远是帮助者的角色。小时候，他们就是乖巧的：他们是父母的好孩子，老师的好学生，朋友的好伙伴。但实际上，他们是缺乏安全感的，因此，他们认为，只有付出才会有回报。久而久之，他们似乎为自己装了一套雷达系统，他们能在最快的时间内察觉到别人的需求。而正因为如此，在周围的人看来，他们是贴心的，谁都愿意与他们交往，他们也因自己获得一个良好的人际关系而自豪。

慧眼识人

总体来说，二号性格者在处理感情生活上是积极的、热心的，他们会随时注意别人的需求，有时候不用别人说，他（她）也会主动帮别人做事。大家没有注意到的，他们也会默默无闻地做很多事情，通常他（她）不会张扬，但是他们的内心也是很期待别人能够看到并为此感激的。

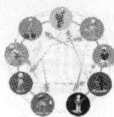

二号性格者的职场表现

在工作中，总是有各种类型性格的人。办公室中，那些事事抢着做、总是主动帮助人、总是能照顾大家心情的人就是二号性格者。那么，二号性格者在职场中都有什么表现呢？当然，这要视二号性格者在职场的具体角色而定。

首先，二号性格者作为员工。

二号性格者很注重自己的工作环境，如果大家都很友好，他们就会很享受这样的工作过程，惬意地工作。如果是经常有人际冲突或缺乏人际沟通的环境，没几天他们就受不了了。

有二号性格者参与的办公室是有活力的，他们是快乐的，并且他们很注意带动办公室的氛围。因为一方面他们希望获得大家的喜爱，另一方面又想赢得大家的关注。在二号看来，相对于工作本身而言，他们更看重情感，良好的人际关系对于他们来说尤为重要。得到他人的肯定，他们做再多的工作也无所谓，只要有人对他们说："麻烦你了。"他们肯定会表现得十分积极，甚至会做很多自己分外的工作。

当然，有时候，在外人看来，二号性格者并非那么友好，因为他们会把其他成员看成竞争对手，他们总是在寻找各种机会赢得更高上级的青睐，这足以让其他同事吃醋。

另外，还有一点是，他们常会因为自己对同事和领导的帮助而沾沾自喜，甚至认为别人没有了他不行。

然而，他们也是喜怒无常的。他们努力工作是为了获得上司的认可；他们帮助同事，是为了让同事喜欢自己。正因为如此，任何不尊重的暗示都可能惹恼他们。他们还会把生活中的情绪带到工作中，无论是和爱人吵架还是孩子不听话，都可能导致他们在办公室闷闷不乐，甚至会影响到整个团队的工作效率。

其次，二号性格者作为领导。

他们在工作上是有效的，因为他们有用不完的激情，而对于现在的职位，他们多半也是通过构建人际关系获得的。但同样，他们在处理工作时，也会存在一些不足。

举个很简单的例了，某些老师对待学生时，哪个学生学习成绩好、可爱、听话，他们就喜欢谁。同样，二号性格的领导也是如此，哪个下属听他的话，愿意支持他，他就会给其涨工资，给其提升的机会；而假设他不喜欢你，那么，你再能干也没用。

当然，他们也有很多优点。他们很有亲和力，而不是整天板个面孔、摆领导架子；他们能与公司的下属打成一片，甚至对公司的保安，他们也经常会笑脸相迎。

"我是一名事业单位的科长，对待下属，我像对待兄弟姐妹一样。我喜欢赞美他们，我不知道他们有什么缺点。我也喜欢帮助他们，他们在生活上有什么困难，我都不会袖手旁观。因此，我常借钱给我的下属。大家也从不称呼我"科长"，而是"老大"。我喜欢这样的称呼，显得很亲切！"

在管理员工上，其实二号性格的领导的方法并不恰当，因为他们太感情用事了。他们喜欢帮助下属，甚至会替代他们做很多工作。但这样，下属是无法成长的。例如，下属没有完成工作，他们根本不会采取惩罚措施，反倒安慰："那我来吧。"久而久之，他们在下属心中的权威性也降低了。

也就是说，二号领导者对下属的关心就像保护小动物一样，这使他们缺乏客观的评价标准，有时爱人变成了害人。

慧眼识人

职场上的二号性格者，他们是希望通过权威的肯定来证明自己的，而获得权威的方式就是讨好。善于运用人际关系是他们的优点，但感情用事却是他们的缺点。身处职场，如果我们工作的周围也有二号性格者，那么，了解他们的心理及表现，能帮助我们成功找到应付他们的策略。

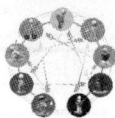

二号性格者如何调节心理

在九型人格中，二号性格者是给予者，他们有以下行为特质：把注意力放在他人身上，过多地关注别人的需求而忽视自己的感受，希望通过帮助他人来获得他人的肯定和认可，有控制欲。这些特质的出现主要是由他们的基本欲望和基本恐惧控制的，在这些特质中，有值得肯定的一面，也有需要改进的一面。作为二号性格者，要想不断完善自身，首先就要学会调节自己的心理。具体来说，二号性格者可以从以下几个方面进行调节。

1. 不要把所有的注意力都放在他人身上

对于二号性格者而言，关系比一切都重要。因此，很多时候，为了获得良好的人际关系，他们会选择委曲求全，调节自己的需要来适应他人。表面上看，这是一种大爱，但实际上，在意他人的需求而忽视自己，只会影响他们的能量和心情。我们先来看一个二号性格者的自我表述：

"我一看到别人不开心，我就会想，是不是我哪里做得不好，为什么他会不开心？和老公相处，我也会时时想到他的感受。平时，当他看书时，我会为他沏一杯茶，而当他不喝时，我就会想，他为什么不喝？难道是生我的气？而假设这天我们吵架或闹矛盾了，那么，不看到他把茶喝下，我是不会放手的。这是我测试他是否开心的一个方法：如果他把茶喝下去，我便认为他接受了我；如果他把茶放在一边，这个时候我就会马上想：噢！一定是我做得不好了，是不是我做得不够，是不是一杯茶不能代表我的心意，那么就去煲汤吧！如果煲汤还不行，那我就去做饭……我就是这样，当事情发生的时候首先责备自己，牺牲自己！在夫妻关系上如此，在朋友和同事关系上也是如此。"

我们想象一下，这位女士快乐吗？当然不快乐？为什么不快乐？因为她太在意对方的感受了，最终的结果只是让自己变得为对方而活。因此，对于二号性格者而言，他们常常有这样一些心理：

"是不是我不再受人欢迎了？"

"是不是我不可爱了？"

"一定是我做错了什么，可我究竟做错了什么呢？"

"如果我这样做不可以改变他的态度，那我还可以做些什么来让他开心并接纳我呢？"

2. 发现自己的控制欲

二号性格者是乐于助人的，是贴心的，但有些时候，他们这样做是为了操控。当他们认为自己的付出已经达到了一定的程度时，他们的操控欲就表现出来了。如果他们巧妙提出的那些要求不被满足，或者得不到认同，他们可能就会做出与以往不同的事情，如故意冷落谁或者把事情做得很糟糕。

"既然我对你那么好你都看不见，那么，我也做一些让你伤心的事。"很明显，这一心理是幼稚和可笑的，但这就是二号性格者，为了得到那份关注和爱的感觉，他们会用很多方法和手段。

因此，作为二号性格者，要想调节自己的心理，首先就要承认自身控制欲的存在。

3. 对别人付出前，先要看清楚对方是否真的需要

前面我们讲过的那个笑话：为老人让座固然是好事，但当老人已经要下车时，我们再强迫老人继续坐下去，让老人坐过站，那么，就是好心办坏事了。

同样，生活中，二号性格者盲目为他人负责的事常有发生。例如，有些母亲经常会对孩子说："多穿点，天冷。"但实际上，天气明明很暖和，孩子根本不需要穿很多。再者，她们常会让孩子多吃饭，可是孩子的食量不允许他们吃太多，面对孩子的拒绝，她们就会表现出一种暴躁的情绪："这么好吃的饭菜你就吃这么点，你要怎么样？"

4. 关注"事"本身，而不是"人"

平时，二号性格者开朗豁达、乐于助人，但有一个前提：我对你怎么好都可以，那是我自己的事，你不能支使我。因此，他们在努力付出的同时，对于周围的人和事也都是敏感的。任何一件让他们感受到不尊重的事可能都会激怒他们，甚至在一些大事前，他们也会表现得意气用事。

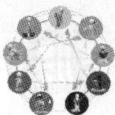

可以说，二号性格者是活在他人的世界中的。他们身上有一套灵敏的雷达系统，能及时察觉出他人的需求，他们甚至会为了成为对方心目中期待的形象而改变自己，压抑自己的真实情感和需求，而这也就是二号性格者不快乐的源泉。为此，二号性格者必须要正视自己的问题，努力调节好心理，找到自身的真正价值所在。只有这样，才会活出自我、活得快乐！

与二号性格者和谐亲密相处之道

在生活中，总是有一些二号性格的人。可能很多人认为，与他们交往，虽然他们愿意为他人付出，但他们太过依赖了，会花掉我们很多的时间，他们那种情感兴奋的需求又会让人疲惫。因此，与二号性格者交往，会让很多人感到不知所措：一方面，人们会被二号性格者的热情打动，但一方面又害怕他们的控制欲。其实，只要我们能掌握他们的性格和行为特征，然后对症下药，便能找到与他们相处的一些诀窍。

1. 清楚二号性格者的期盼

对于二号性格者而言，他们最关心的永远是他人对自己的评价。他们渴望自己能生活在一个充满爱、充满对自己的赞许的环境之中，他们享受这种状态，他人对自己的肯定和欣赏是他们最大的动力。因此，若希望二号性格者能充分发挥出他们的潜力，我们可以通过肯定和赞扬他们来实现。

"我的第一份工作是在一家大型的广告公司做实习策划。那时，我每天都会跟着那些资深的前辈跑来跑去，然后为前辈们修改一些细节问题，每天累死累活的。后来，一位前辈对我说：'小姑娘，我看你挺精明的，你也可以尝试自己接一下策划案做做嘛。'"

"前辈对我的肯定让我精神振奋，这下子，我看到了自己面前要做的所有事。我从老前辈那里借来很多策划案的资料，看完这些资料后，我为公司接了一个案子，后来，我没日没夜地做这个案子，一个星期后，我把策划案交给了领导，领导对我说：'小丫头，做得不错，辛苦你了。'就是这样一句话，让我觉得工作得了莫大的肯定，连日来的疲惫一下子都没有了。在我看来，一个实习生的能力得到了认可，还有什么比这更重要呢。就这样，我在这家广告公司干了三年，即使他们给我的工资并不高，但每次当我想要放弃的时候，领导的那句鼓励的话就会回响在我耳边。"

"三年来，我为公司创下了很大的利润，当然，这与领导对我的肯定还是分不开的。我知道，我为公司创下的价值远远大于我拿到的薪金，可是这又有什么关系呢？我想要得到的还是那份鼓励和支持。"

从这则故事中可以看出，主人公的领导是英明的，他了解了下属的性格之后，通过鼓励下属、肯定下属的能力，让下属为自己效力。

在与二号性格者打交道时，我们若想达到自己的目的，就应该清楚他们的期盼——希望得到他人的肯定、赞扬和鼓励。

相反，假如我们没有满足他们想要的，他们的脾气就会变得越来越大。愤怒一旦爆发，他们就会变得歇斯底里，无法控制。他们生气往往是因为没有得到他人的赏识，或者感到自己被他人的需求所控制。

2. 帮助二号性格者讲出本身真正的需求

对于二号性格者来说，他们的性格中有一个盲点，那就是他们常为别人考虑而不是自己，因此，他们很少告诉自己："我会去做"、"我会获得"、"我是为我自己来的"。如果你与二号性格者打交道，你就应该帮助他们认识到这一问题。你应告诉他们，应该每天花一点时间，把注意力完全放在自己身上。看看当他们问自己"那对我有什么好处"时，他们的心里想到了什么？

如果你能帮助他们认识到这一点，那么，你们之间的关系就会变得平等起来，而不只是一味地由对方付出而引发出另外的一些问题。

3. 掌握一些沟通技巧

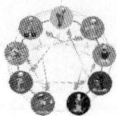

① 倘若你想接近二号给予者，对于他们的付出，你千万不要视而不见，而应该表达自己的感激之情。

② 二号性格者很讨厌别人拒绝自己的好意，因此，即使你想拒绝他，也要说出很充分的理由，以免让对方产生误会。

③ 二号性格者会偶尔表现出情绪化等，此时，你要表现出你的关心，不妨问问他们正在想什么？心情如何？以及此刻有什么需要？他们会感激你对他们的一番关心的。

④ 二号给予者总是将目光放在他人身上，因此，在与他们交谈时，你若能引导他们多讲他们自己的事，表达你想了解他们的愿望，那么，他们一定会被你感动。

⑤ 学会为他们付出，你需要告诉他们，你很乐意为他们付出，这样，他们才会接受你。

慧眼识人

在与二号性格者打交道时，我们需要根据对方的心理动机采取交往策略，具体来说，这些交往策略是：保护他们的人性化；清楚他们的盼望；帮助他们讲出本身的真正需求；不要让他们为你付出太多；小心他们将你的批评当做人身攻击；恰当时有一定的身体接触等。

二号性格者的闪光点

每一种性格都有它的闪光点，对于二号给予者而言，他们一生追求的重点都在人际关系上，这让他们的心理产生一些毒素，但我们也不能否认，这同时也让他们产生一些闪光点。与二号给予者相处时，他们会给你无微不至

的关怀；你心情不顺，他们会给你最及时的安慰；你在事业上遇到瓶颈，他们会倾其所有帮助你；身为他们的恋人，他们会经常制造浪漫的约会，让你感到你很特别，让你感到自己是重要的，是值得他们为之付出的。他们会在背后帮助你，照顾你，帮你打点生活甚至在事业上助你一臂之力。二号为你带来无限活力，他们心思细腻、精力充沛、善于表达情感。在普通人看来，只有自己才会为自己做的事情，二号都愿意替伴侣代劳……他们的闪光点实在太多了，我们不妨一点一点来分析。

1. 二号性格者富有爱心

无论是工作还是生活环境，他们都希望是充满爱的。无论是对朋友、家人、同事，甚至是陌生人，他们都会留意对方需不需要帮助，他们愿意站在他人的立场着想。当大家有心事时，都愿意向他们倾诉。在社会上，他们也是关心弱势群体的人。曾经有个年轻人说："每天早上上班，我都会早半个小时出门，然后将车开得很慢，目的是看路边有没有需要搭便车的人。"也有人说："看到路边的小猫无家可归，我都会忍不住流泪。"这就是善良、富有爱心的二号性格者。

因为有爱心，所以，他们也愿意无私地对他人付出。可以说，二号愿意为别人奉献的精神是值得敬佩的，但必须警惕不要给他人带来心理负担，也不要期待获得称赞或感谢。

2. 能够及时洞察他人的需求

二号性格者自身带有一套敏感的雷达系统，他们能随时感知到他人的需求。

因此，在做生意这点上，二号性格者似乎比其他性格者更擅长和客户打交道，他们总是能将心比心地为客户说话，考虑到客户的利益，给客户很多帮助。他们会给客户一种感觉：你是真诚的、贴心的，我愿意与你做生意。并且，一般来说，二号性格者都能与客户进行长时间的合作，甚至做朋友。

3. 他们是最佳的聆听者

二号性格者渴望参与人际交往，并且，他们也很擅长与人打交道，这是因为他们总是很有耐心做他人心事的倾听者，即使对方的话很冗长、滔滔不

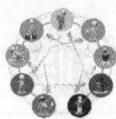

绝，他们也会表现出极强的耐心。在他们看来，对方正是把自己当做知心朋友，才会对自己掏心窝子。因此，当人们遇到一些困难时，二号性格者都会成为他们求助的首选。

4. 慷慨大方、不吝啬

对于二号性格者来讲，他们最重视的是感情，因此，倘若能用金钱换得他人的支持和肯定，他们是很乐意的。他们除了知道自己存折的大致数字外，从没算过自己每天在请客吃饭上花了多少钱。当同事、朋友需要钱时，他们也绝不吝啬。

5. 甘愿做幕后支持者、愿意成就他人

二号性格者虽然也愿意表现自己，但如果他们得到了他人的认同，他们是甘愿屈居人后的。

例如，在婚姻生活中，二号性格者的女性一旦结婚，就会把大部分精力投入到家庭中。为了让自己的爱人没有后顾之忧，他们会包下所有家务，对老人嘘寒问暖，家人的起居饮食，她们一样都不会落下。

而在工作和人际交往中，二号性格者也是极其重感情的。他们有着敏锐的眼光，能看出他人的潜力，并帮助他人成就事业。当他人功成名就时，只要对方能肯定他们曾经的付出，他们是不奢望任何回报的。假如他们的朋友陷入人生低谷，他们绝不会袖手旁观，除了安慰对方，还会动用各种资源帮助对方，如为其筹措资金、销售产品等，直到对方重新站起来。因此，二号性格者绝对可以成为我们的患难知己。

慧眼
识人

二号性格者最大的闪光点就在于他们拥有直接进入他人内心世界的本领，所以很容易感受到别人的需要，几乎不用别人开口，他们便可以感受到对方的心声。因此，他们是八面玲珑的，能通过对别人的付出来获得他人的好感，他们拥有取悦别人的天赋才能。

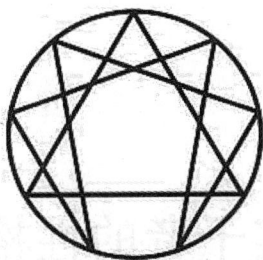

第5章
三号实干者——
不服输心理的探秘与解析

　　对于三号实干者而言，他们认为，如果自己能够在这个社会上取得很多优秀的成绩甚至是成就的话，别人就会看到他们的努力，进而肯定他们并愿意主动接近他们，和他们做朋友等。因此，三号实干者不服输的心理来源依然是人际关系，然而，我们却需要看到一点，一些实干者为了获得成就甚至会不择手段。因此，三号实干者如果能够明白这一点，也许就能留意到那些站在你身后支持你的人，你就能做到关心他们、爱他们，这样，你也就开始成长了。

三号实干者的性格特征

在九型人格中，三号性格者被称为实干者。他们与渴望爱、用心做人的二号不同的是，三号更在意事。在生活中，那些野心勃勃、渴望获得掌声的人就是实干主义者。

举个很简单的例子，某天，你的一个朋友给你打电话，告诉你他新买了最新款的手机，你说你知道了。知道了怎么行？他会带着他的新手机来找你，他就是典型的三号实干者。三号最在意的是"成就"，而且他们把成就定义为一些外在的东西，如房、车、名贵物品等。他们是爱面子的，渴望获得他人的敬仰，没有掌声、鲜花，他们就无法生存。因此，实干者的基本恐惧是：没有成就，一事无成；基本欲望是：感觉有价值，被接受。根据他们的基本欲望和基本恐惧，我们大致也能推断出他们的一些性格特征，具体来说，大致有以下几点。

1. 积极主动、能量强、效率高

对实干者而言，要有成就，就要不停行动，因此，他们获得成就的方式就是不停地工作和学习，并且，他们有很强的规划能力，对自己的工作、生活、感情以至整个人生都会做出一番缜密的规划。他们总是精力充沛的，做事也很有效率，他们是不允许自己浪费时间的，因此，他们也很容易变成工作狂。

2. 形象专家

三号是很要面子的，他们很注意自己在人前的形象，即使在家里穿着不太注意，但只要有外人在场或者出门，他们都会精心打扮一番，甚至会故意穿着奇装异服来吸引他人注意。下面故事中的迈克就是个注重形象的人。

很久以前，有一个贫苦的年轻人叫迈克，他很爱面子，为的是不让自己的尊严受损。有一天，迈克应邀到一位女性朋友家去做客，因无毛皮衣服，只能穿葛麻做的单服。非常爱面子的迈克担心朋友见笑，就在冬日里带上一把扇子，席间不住摇扇，对众朋友说："我这人就怕热，即使冬日也喜欢取凉。"

酒足饭饱后，这位女性朋友看出了迈克的要面子，便想整治他一下，于是便力邀他住一个晚上，并迎合他，用单被篾席，在池畔亭台的风凉处搁铺，让他住下来。迈克不便再改口，只得暗暗叫苦。冬日的夜晚，寒气逼人，迈克被冻得抖若筛糠，只得披了薄被起来走动以御寒，不料失足跌进池中。

3. 喜欢挑战

三号喜欢有挑战性的事物，尤其在工作上，他们喜欢创新、竞争，喜欢做第一，一旦周围的环境缺乏了挑战，或者他们失去了竞争的兴趣，他们很有可能炒老板鱿鱼。

4. 喜欢学习

对于实干者而言，他们认为，要想竞争成功，就必须要突破自己，就必须要不断学习。因此，他们每天除了工作外，还得学习，学习各种能让他们达到目的的知识，而家只是他们暂时休息的场所。

5. 自信十足

三号是永不言败的，他们也是自信的，无论做什么事，在确保万无一失前，他们是不会轻易尝试的，以免削弱自己的自信心，也不想给人留下话柄。而当他们被人质疑时，他们会尽量给自己找借口，把事情的失败归结为外在的、客观的原因。从这里，我们也发现，三号的投机性较强，还喜欢说谎。当然，对于他们自身而言，他们是不承认这点的。

6. 不守规则，喜欢走捷径

对于三号而言，他们的最终目的是获得某种成就感，而不是过程。因此，在做事的过程中，如果有捷径能帮助他们达到目的，他们是不会按部就班的。

7. 逆境中的实干者可能会不择手段

逆境中的三号会变得很急躁、急于成功，如果做不了有成就的事，他们可能会做一些不好的事情来吸引大家的注意力，也就是会变得不择手段。有时三号会用一些微不足道的成就来自欺欺人，因为他们害怕没成就。

慧眼识人

根据三号实干者的基本恐惧和基本欲望，我们发现，他们在性格上的特征是：渴望被人敬仰、爱面子、积极主动、好挑战、爱表现等。了解这些性格特征，便能帮助我们在人群中快速识别出三号性格者，并帮助我们采取更进一步的交往策略。

三号性格的身体语言——动作快、手势大

对于三号实干者而言，最重要的莫过于鲜花、掌声、名声、地位等，他们的价值就是和这些东西捆绑在一起的，为了获得这些，他们很注重工作效率。因此，我们看到的三号性格者是雷厉风行的，而这些表现在身体语言上，便是动作快、手势大。另外，对于他们自身的这些真实感受，他们是不承认的。例如，我们若说他们有野心，他们一定会不开心；而如果我们说他们有远大的理想，那么，他们一定会很高兴。从这里看，他们在身体语言上还有一个重要的特征——刻意地不表达自己的感受。对于这些特征，我们不妨先来看下面一个案例：

卢伟是一家汽车公司的销售经理，在他上任的三年里，从来没有人超过他的月销售业绩，他似乎总是有用不完的力气。这不，午休时间，一个客人

来看车，他饭都没吃，就为对方介绍。

"您好，先生您对哪个车型感兴趣？我介绍给您听听？"客户刚走进来，卢伟就热情地迎上来。

"一看二位，就知道是很有品位的人，这款最适合你们这样年轻的情侣使用。"

"可是我们打算最近结婚呢，买车也是为了以后上下班方便。"客户这样接过话茬。

"那边那款是我们的经典车型，如果你们考虑将来有孩子或者有其他家庭成员乘坐的话可以看看。"

……

不到二十分钟的时间，这两位客户就敲定了一款红色经典款。这已经是卢伟这月销售的第二十辆车了。

关于卢伟，他的员工是这样评价的："我们经理，简直是个工作狂，他就像上了发条一样，你看他的身体，似乎也从来没有安静过，即使平时没有生意的时候，他也是不休息，总是干干这个，做做那个。"

"卢总平时开会的时候，总是会拿着一支笔在天空中划来划去，我就坐在会议室的第一排，有时候，真怕他的胳膊会打到我。"

"卢总做事效率太高了，他的手脚好像比我们活动的频率都高些。"

其实，对于卢伟而言，他现在的生活状况已经很好了。他有个漂亮的妻子、一个可爱的女儿，开着名贵的车，在北京有一套大三居的房子，这令很多三十多岁的同龄人羡慕不已。正如他们所说的，卢伟已经完全不用再这么拼命了，大概是为了面子吧。

然而，卢伟却并不同意这点，他说："我天生就是这样，似乎总是闲不下来，老总也说为我放假，可是一放假，我就浑身不舒服，我看还是工作最好。这并不仅仅是我想要赚多少钱，你也知道，现在我的销售业绩已经是数一数二的了，每年的公司年会上，老总也总是在夸奖我……"

但这一切，卢伟自己心里清楚得很，他已经习惯了这种被认可的感觉，每当他站在领奖台上时，他感觉到了无上的荣耀。为了确保他的这份荣耀，

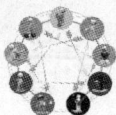

他必须加倍地勤奋和努力。他告诉自己"不能输"，这次的目标是第一名，下次一定不能是第二名，要不然那脸就丢大了。

从这则故事中，我们看到了三号实干者的典型心态，他们的身体语言也通过卢伟这个人得到了淋漓尽致地展现。正如他的下属所说的，他是个上了发条的人，无论是工作还是不工作，他都闲不下来。在开会的时候，为了展现自信和与众不同的气质，他们会做出很大的手势动作，而对于自己内心的真实感受，他们是不愿意承认的。

总结下来，三号的工作语言有：动作快，转变多，大手势，目光直接，刻意地不表达感受。

慧眼识人

三号实干者在身体语言上显现的特征，也是由他们的性格特征决定的，他们渴望获得名利地位，这是让他们停不下来的主要原因。但同时，他们谁也不承认自己是有野心的，反而会刻意地隐瞒自己的感受。了解他们的心理，我们就能理解生活中很多三号性格者的行为习惯了。

三号性格者的多层次心理描述

第4章中已经陈述过二号性格者的多层次心理，实际上，每一种性格者的心理都不是单一的。因为自从出生起，我们就会接受来自外界环境的熏陶，无论是父母的教育还是朋友的影响，我们都或多或少地隐藏自己的某些特征。而了解每一种性格的多层次心理，不仅能帮助我们了解和认识自身所存在的不足，让我们不断朝着更高层次进步，活出更优秀的自己，还能让我们看清周围的人，从而帮助我们更好地应对他人。关于这点，我们先来看下

面一个故事：

在某次性格测试过程中，有一位女士对自己的性格类型很纠结。她向老师陈述的是，她很爱她的家人，她最大的心愿就是得到他们的认可，最害怕的事情是家人不爱她。所以，她怀疑自己是二号性格者。后来，她又陈述道，从小到大，她都是小伙伴和同学们心中的领头羊，即使现在参加工作了，她还是愿意带领同事和下属们一起奋斗。从这点看，她又觉得自己像三号，但三号喜欢接近那些有能力、有地位的人，她觉得自己不是这样的人。

对于她的疑惑，老师告诉她："其实，那些外在的特征只是表象而已，你要看自己的基本欲望和基本恐惧是不是符合三号性格者。看样子你是个对自己要求很严格的人，才不允许和不承认自己有三号性格者的某些不好的方面，但你要清楚的是，每一种性格的人都会一些缺点，这是不可避免的。"

"老师，你说得对，就基本欲望和基本恐惧，我觉得我大部分都符合，说实话，我也崇拜那些功成名就的人，我觉得从他们身上能学到很多东西。但我又是个有爱心的人，我上大学的时候，就开始组织一些公益活动，到现在也还定期捐款给那些需要的人。三号性格者好像不是这样的，对吧？"她又迟疑了。

"其实还是那句话，这些都是枝叶，其实每种性格的人都有爱心，这只能说明你比较善良。那么，你觉得在爱和成就中，哪一点更重要呢？"老师想看看她的回答。但她却说："我不清楚。"

"那平时生活中，在人、事还有你自己的感受这三者之间，你更在意什么？"老师接着问。老师的话让她有点愕然，想了想，她摇了摇头，然后说："我也分不清。"

看来她对自己的感受也不是很清楚，为此，老师接着问："在一群人中你会争第一吗？"

"小时候会，并且挺强烈的，但现在不会了。"她很快地说。

"为什么？"老师追问道。

"因为觉得没什么意义。"她淡淡地说道。

"没意义？这会不会是因为你的想法改变了，不想再做张扬的第一，而

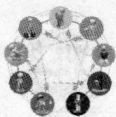

改为低调的第一呢？"

"哦，也是。"听了老师的解释，这位女士最后终于笑了，看样子她已经知道自己的性格类型了。

从这段对话中可以发现，这位女士的确是三号性格者，只是因为环境的变化和社会阅历的增加，让她变得内敛了。在生活中，因为其他一些特征的明显存在，可能很多人都有这位女士的困惑。其实，抛开外界因素的影响，我们还可以把三号性格者按照特征明显与否划分为以下几个层次。

1. 内心坦诚

开始能坦诚自己的内心、认同自己并开始关注自己，而不是将自我形象建立在别人的评价之上。

2. 适应力强、受人仰慕

能干、才能出众，能站在他人的角度考虑问题，发现他人的需求，并努力迎合他人，以提升自己在他人心目中的地位。

3. 有目标感、自我改善

认识到自我形象的提升应建立在自我提升上，他们自信、能干、表现好、懂得一些沟通技巧，能成为他人的模范，对他人有启发的作用。

4. 向成功迈进

害怕落后于人而倍加努力，使自己不断进步。

5. 有野心、走捷径

有野心但又怀疑自己，希望被人仰慕，但却又害怕得不到别人的重视。

6. 自我夸大

认为要得到别人的认同，就必须要有极大的成就，因此，他们会夸大自己的成就；喜欢与人竞争，以趾高气扬来掩饰自己的不足。

7. 缺乏原则、欺世瞒人

失败让三号实干主义者感到恐慌，因此，他们变得自欺欺人，大话连篇，而内心感觉既空虚又沮丧。

8. 欺诈、机会主义

不想让别人知道自己糟糕的情况而想尽方法掩饰，为引起别人的注意而

编织谎言。

9. 不择手段

认为自己无法赢取重要人物的认同而不再尝试掌控自己的愤怒，向心中的折磨者复仇。

慧眼
识人

> 不同心理层次的三号性格者在对待"成就"这一问题上的态度、行为是不同的，反过来，心理层次的高低也决定了他们的性格特征是否明显，是否活得潇洒。因此，假设你是三号性格者，那么，了解三号性格者的心理层次，就能帮助我们认识到自己的心理，看到自己的行为动机，最终帮助自己实现更高层次的转换。

三号性格者的内心真实需求

三号性格者最大的特征是渴望得到鲜花和掌声，并且，他们已经习惯了被人称赞。在很小的时候，他们就已经做到了成绩名列前茅，他们的房间里贴满了各种奖状；他们不需要讨好自己的伙伴；他们总是能靠自己的双手和智力得到他们想要的一切。他们是家长的宠儿，因为他们表现出色。三号性格者就是这样成长的，他们从小就忘记了自己也有情感，认为自己生存的目的就是用自己出色的表现来获得周围人的爱。他们憎恶失败，极力追求成功。

作为三号性格者，他们的基本恐惧是没有成就，一事无成；基本欲望是感觉有价值、被接受。因此，表面上看，那些实干家好像一直有用不完的精力，总是不断地学习，他们多半都是成功者，但其实，他们所有行为的动机都是为了获得他人的敬仰。一旦他们的努力没有得到他人的认可，他们便会

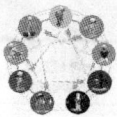

表现出躁郁的情绪，甚至急功近利、但求成功不择手段等。我们先来看两位"女三号"的自我陈述：

"我是一个典型的女强人，在我生活的周围，女人们都是在家相夫教子的，但我却读了大学、读了研究生，然后出来工作，因为我害怕被男人看不起。我认为，女人也应该工作，如果我一事无成，那么，活着也就没什么意义了。在我看来，只有我获得事业上的成功，我的家人、朋友、爱人才会喜欢我。"

这位女士是个典型的三号，她很清楚自己需要的是什么，也知道自己内心的真实需求。的确，三号想要获得他人的认可，只有成就，才能让他们感到自己存在的价值。

"原来我在一家事业单位上班，但在那家单位工作了三年之后，我发现，我的能力被局限了，他们已经不能为我提供任何成长的空间，我觉得没什么前途。于是，在丈夫的反对下，我果断地辞了职，然后自己去做生意。很庆幸的是，我的生意做得很好，挣了一笔钱，我的婆婆和丈夫也对我肯定有加。我就是这样的人，我喜欢听别人说'你真厉害'，我喜欢收到朋友的盛情邀请。"

从这位女士的话中，我们也能感受到三号性格者的心理需求，他们喜欢被人敬仰，被人追捧。

对于自己的心理需求，可能很多三号性格者表现得并不是那么明显，其实，这和中国的传统教育不无关系。很多孩子，原本是典型的三号性格者，但他们的父母却总教育孩子不要出头，这样，他们的发展就被阻碍了，很难活出真正的自我。当然，我们不得不承认的是，有些时候，三号性格者会因为盲目希望得到别人的肯定而做出一些不合时宜的事。

小张毕业后就职于一家银行。一天，他昔日的老师来找他，说想开自己的公司，但缺少资金，问他能不能帮忙贷款。小张心想，无论如何也要帮老师这个忙，不然太没面子了，于是，他立即答应。但事实上，他才毕业，在银行根本没有多少说话的资历。再者，他的老师要求的贷款程序根本不符合规章。后来，当他的老师已经筹备好所有开公司的工作时，他却拿不出钱

来，这让他的老师很生气，责备他说："你这不是捉弄我吗？你即使不想帮我，也不该害我！"他能说什么呢？错本就在他。

这里，我们从另外一个方面阐述了三号性格者的心理需求。可以说，在生活中，有不少这样的人，因为害怕被人说成是"没本事"而答应别人一些自己无法办到的事，结果只能是自讨苦吃，对方不感激你，还会怨恨你。帮助他人，首先我们要做到量力而行，否则，当诺言无法兑现的时候，就会给人一种不守信的印象。古人云，轻诺必寡信。这不仅是一个主观上愿不愿意守信的问题，也是一个有无能力兑现的问题。一个人经常答应自己无力完成的事，不但得不到别人的敬仰，反倒会让对方最后对你失去信任。

在现实生活中，我们看到的三号性格者多半是这样的：他们是成功人士、年轻有为、积极向上、精力充沛，他们很有品位。另外，他们也是多变的，是活脱脱的"变色龙"，为了获得他人的肯定，他们可以经常变换自己的形象。这一刻，他是孩子心中伟岸的父亲，下一刻他就可以是西装革履的职场精英……

慧眼
认人

三号性格者是非常有能量的一类人，他们敢于追求第一名。但如果你属于三号性格，还应该认识到，渴望获得他人的认可、赞扬并不为过，但在追求成就的过程中，应该遵循自己内心的声音，不能为了追名逐利而迷失自己、不择手段。

三号性格者的语言密码

在九型人格中，每种性格者都有一定的语言密码。在日常生活中，

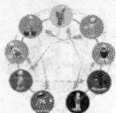

通过识别对方的语言密码，我们便能大致推断出他们的性格类型。对于三号实干主义者而言，他们渴望被人称赞和认同，害怕被人瞧不起。因此，他们在说话时多半都是有力的、肯定的、积极的，并喜欢打包票、说大话等。在你的身边，如果有人经常对你说"可以"、"没问题"、"保证"、"绝对"、"最＼顶＼超"这样的词汇，那么，对方很可能是三号实干主义者。

例如，工作中，作为老板的你交给三号一项工作任务，你问三号："你能完成吗？"他肯定会回答："没问题的，您放心吧。"当然，他是否真的"没问题"，就不得而知了。

那么，具体来说，三号性格者在语言表达上有哪些特征呢？

1. 沉稳有力

三号性格者经常说"可以"。即便是简单的可以，三号都能表达得沉稳有力，因为他们不想被别人看出他们内心的任何担忧，而二号性格者在表达时的语气则是柔和的。

2. 说话方式夸张、爱讲笑话

当然，三号实干主义者即使讲笑话，也不是随意的或者是为了愉悦气氛，他们多半都是抱有一定的目的。没有需要，他们不会开金口，这一点，与性格随和的七号是完全不同的。

3. 声音大，声线不尖不沉，非常有魅力

三号的身体语言的特征是动作快、手势大，同样，在语言习惯上，他们也是声音大的。为了彰显自己的自信，他们在说话时声线不尖不沉，很有魅力。

4. 常打包票，不愿承认自己"办不到"

三号性格者是极其爱面子的，他们一方面会通过努力工作、学习来证明自己的能力，以博得别人的称赞和认可；另一方面，当他人有求于自己时，也会因为虚荣心而不愿拒绝对方。结果，他们承诺了自己根本办不到的事，不但事情没有办成，自己的人缘也搞臭了。

某厂职工小方，经常向同事炫耀自己在市房管所有熟人，能办房产证，

而且花钱少、办事快。开始人们还信以为真，有些急于办理房产证的同事便交钱相托，但时过多日，不见回音，问到小方，他说："近来人家事儿太多，再等等。"拖得时间长了，同事们对他的办事能力产生怀疑，便向他要钱，他找理由说："谋事在人，成事在天。懂不懂？你的事儿虽然没办成，可我该跑的跑了，该请的请了，你不能让我为你掏腰包吧？"言下之意，钱没了。

从此以后，小方的话再也没人信了，以至于人们在闲暇聊天时，只要小方往人群里一站，大伙好像有一种默契似的，始而缄默不语，继而纷纷散去。

我们的生活中，又何尝没有小方这样的人呢？因为害怕在别人心中留下无能的印象，他们便信口开河、答应别人的要求，结果自己根本办不到，反倒被人看扁。

对于某些三号性格者而言，有时候，他们为了成功，为了获得掌声，也会不择手段，如欺骗等。但要明白的是，我们所说的每一句话、做的每一件事都是对一个人品质的检阅，每一项承诺都是对其人格的担保。因此，作为三号实干主义者，一定要告诫自己，要想获得别人的尊敬，首先就要让自己养成良好的品质，因为真正的成功者是人格力量强大的人。

慧眼
识人

以上四点总结出了三号性格者的语言密码。总之，三号性格的人在语言表达上给人的总体感觉是自信的、沉稳的、有能力的。他们渴望被人敬仰、被人肯定，因此，在语言上，他们也会体现出自己是有能力的。与三号实干主义者交往，我们可以适当迎合他们这种"成就"的心理，多附和他们，让他们感觉自己是被你敬佩的，你们的关系就会更进一步。

三号性格者处理情感生活的方法

在九型人格中，每种性格的人处理感情的方式都是不同的，有的积极主动，有的消极被动，有的压抑逃避，而对于三号实干主义者而言，他们在对待感情这一问题上，同样是用成就来"衡量"的，他们离不开他人的掌声，掌声是他们不断前进的动力和生存下去的氧气。因此，有些三号性格者的爱人曾坦言："即使在对我说甜言蜜语时，我都能感受到他的大脑里在安排他明天的工作。"不难总结，三号实干主义者处理感情的方法是：压抑，令自己忙碌，以成就掩盖痛苦，虽然愿意跟大队，然而经常不守规则及喜欢走快捷方式。

"我们是相亲认识的，他人挺好的，刚开始，我看上他事业心较强、有安全感，以后不用担心物质生活，并且，他对我也挺贴心的，每到周五下午，他就会给我打电话，向我'汇报'周末的约会计划，我以为自己找到白马王子了，但事实上，他太爱自己的工作了。我能清楚地感觉到，他爱他的工作超过我。经常，他在向我说'我爱你'的时候，眼睛却望向了远方，我知道，他肯定又在大脑中构思自己的下一步工作计划。后来，我向他提过一次我的想法，他也改了不少，可是，接下来的一段时间，他的工作业绩下滑了，他又慌了，很快，他又把所有精力投入到工作中去了。我觉得我实在受不了他，最终，我还是选择了分手，就让他和他的工作过一辈子吧。"

从这位女士的表述中可以发现，她口中的男朋友就是个典型的实干主义者。的确，三号一旦工作起来，就会忘记周围的人和事，在处理情感关系上，他们也常会让对方失望。

那么，对于三号性格者而言，他们到底是如何处理情感生活的呢？对此，我们不妨根据不同的情况进行分析。

首先，在对待婚姻爱情上。

在三号实干主义者看来，他们认为爱来自于他们的成就；他们对待情感太过理智，甚至会把情感关系视为一项"重要工作"，认为感情也是可以一步步搭建起来的；在与伴侣相处的过程中，他们希望自己能处在操控的位置，希望对方能欣赏和赞扬自己。

三号是典型的工作狂，他们把心思总是花在他们的工作上，即使在难得的周末，他们还是会惦记自己的工作。如果伴侣不提醒他们，他们很难记得自己该休息了；他们也会扮演亲密爱人的角色，但即使说"我爱你"，也并非是他们发自内心的，而是在执行自己的一项情感计划，是为了体现自己的善解人意而已。在与爱人相处的过程中，他们会不由自主地发呆，因为他们的思绪早已飞到别的事情上了，如第二天的工作安排以及与客户的销售对白等。

他们表达爱意的方式也是经过缜密计划的，是通过活动来体现的，一起旅行，一起打网球，一起讨论孩子的问题。三号只关注活动和安排，而不会想到和家人在一起的悠闲时光。对于三号来说，他们要让两性关系有效地运转，他们的婚姻必须"有用"。工作和收入永远都是重要的。

在三号看来，与爱人之间的亲密生活是需要按照一张活动表来完成的，如可爱的孩子、理想的家庭、等着他们去学或做的事情、发展家庭成员的兴趣、培养健康的后代、让生活过得有模有样……

其次，在人际关系上。

在与人打交道这点上，三号性格者也是主动积极的，他们扮演的永远是成就者的角色，尤其是随着时间的增长，他们在人群中的能力得到肯定，他们总是保持着沉着的形象，让他人更崇拜自己。但是，这种能力也可能导致严重的自我欺骗，因为他们用成功人士的感觉取代了自己的真情实感。当他们开始把自己打造成"杰出领导人"时，这种自我欺骗的程度也就更深了。

慧眼
识人

对于三号性格者而言，他们表现出来的精神面貌似乎永远都是健康的、积极的，好像他们的生活里永远没有痛苦，他们甚至一辈子都不会知道，自己实际上与内心失去了联系。而事实上，一个人只有看到自己的内心，才能真正接受自己，完善自己，让自己快乐起来。

三号性格者的职场表现

在工作中，有这样一些人，他们雷厉风行，似乎被上了发条一样有用不完的精力；他们很爱面子，总是有一股冲劲，总是愿意接受那些有挑战性的工作。倘若他们的努力没有得到上级的肯定，没有得到同事们的掌声，那么，他们一定会变得急躁起来。这样的人就是三号实干主义者，在职场，他们是一道别样的风景。那么，三号性格者在职场中都有什么表现呢？当然，这要视三号性格者在职场的具体角色而定。

三号性格者作为员工。

三号性格者很喜欢挑战，在一片安静的职场环境中，他们是不适应的，他们更希望通过竞争来决定胜负，如果没有找到对手或者没有挑战性的工作，他们几天就受不了了。

在与同事打交道的过程中，他们更希望自己能充当领导者的角色，让同事们能佩服他的能力。到了一种新环境下，他们为了让大家接受自己，会改变自己的形象和气质，来迎合所处的环境。甚至，他们完全不需要一个缓冲时间。

如果三号实干主义者从事销售行业的工作，那么，他们的业绩一定不会差。作为他们的领导，也会因为有这样的下属而欣慰，因为他们是典型

的工作狂，他们会把自己的绝大部分精力都放在工作上。但正是因为三号把所有的精力都用在追求成功上，所以他们无暇顾及自己和别人的感受，甚至不允许自己生病，因为这样太耽搁时间了。他们不仅仅和别人赛跑，也和时间赛跑。

其实，对于三号员工而言，能不能获得一定数额的金钱上的回报并不重要，他们更在意的是他人的眼光。如果领导者给了他们荣誉，他们会继续努力、勇往直前。

"我的工作表现一直很好，因此，董事长会经常把我叫到办公室，然后表扬我是多么有能力，为此，我就像被加满油一样，又充满了战斗力，这不，这个月我又拿了全公司的月销售冠军。去年年底，公司总经理又在公司年会上当着几百人表扬我的业绩和荣誉，我马上感觉到，这就是我想要的。我的努力没有白费，这个才是我的战场，我的家……想到这里我又迷惑了，究竟是我的战场还是我的家？"

三号性格者作为领导。

他们在工作上是有效率的，因为他们有用不完的激情，同时，在对自己和员工的要求上，他们的原则是：只许成功，不许失败。

他们总是能带给员工很多正能量，令人充满希望。

他们在工作和管理员工上是非常有效率的，他们的方向和目标感很强，很多时候，我们不得不佩服他们敏锐的嗅觉。

他们懂得和所有人沟通，见人说人话，见鬼说鬼话，认为事比人重要。正是因为这点，他们一般都是社交高手，能做到左右逢源。

当然，三号性格的上司不好的地方就是偶尔会为了达到自己的目的不择手段，甚至会伤了下属们的心。举个很简单的例子，当他们需要你帮忙的时候，会对你使出各种"哄骗"手段，甚至称兄道弟，而当事情过后，你再去和他们联络感情时，他们却对你的话置若罔闻，完全把你当透明人。这样的冷暖差异巨大，所以在三号性格类型的上司的手下工作会经常有被其利用的感觉。

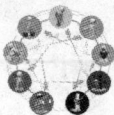

职场上的三号性格者认为，要想获得尊重、认可，就一定要有成就，就要事业有成，就要努力工作，就要不断创新。他们的优点是有创新精神、有闯劲、积极主动、肯努力，而他们偶尔会为了获得自己想要的成就不择手段。身处职场，如果我们工作的周围也有三号性格者，那么，了解他们的心理及表现，能帮助我们成功找到应对的策略。

三号性格者如何调节心理

对于三号实干主义者而言，有以下行为特质：积极向上、努力上进、看重成就、有强烈的竞争心、渴望被人肯定和赞赏等。当然，在这些特质中，有值得肯定的一面，例如，他们做事有计划、有目标、肯学习、有才干等。但也有需要改进的一面，比如，情感薄弱，不善于表达内心的感受；注重成果，忽略细节；注重事情，忽视人及感受等。而作为实干主义者自身，要想不断完善自己，首先就要学会调节自己的心理。对此，我们不妨首先来看一个好学生的日记：

聪明、听话、成绩超棒、老师们都喜欢我……从小，我就是听着这样的赞扬声长大的。周围的同学都很羡慕我，可又有多少人知道，我更羡慕他们。我知道自己并没有他们说的那么好，只是我比他们善于伪装。

有时，我也想放下伪装，和他们一样疯玩一阵，直到大汗淋漓才停下来休息。小学里，下午第二节课后有长达半小时的课间，教室里只能留下值日生，其他人都在操场上活动。老师不允许我们剧烈运动，回教室若看到谁面红耳赤、气喘吁吁，便让他们站在门口，直到恢复平静才能进教室。尽管如此，同学们依旧先疯玩20分钟，剩下10分钟休息。而我，每次捧一本书坐在

一边，却看不进什么东西。其实我也想和他们一起玩，但是我害怕。我害怕同学们说"好同学也不过如此，只会在老师面前装乖"，我害怕老师说"一点好学生的样子也没有"。每次听着老师的表扬、同学们的羡慕或不屑之词，我一阵苦笑。

有时，我也想放下伪装，好好在周末休息，不往返于各种提优班之间。从小学三年级起，妈妈就问我是否要去上英语提优班。我真的不想去，其实我的英语学习才刚刚开始，我可不想基础还未扎稳就拼命跑。但是，我"很高兴"地答应了，妈妈也很高兴地为我报了名。于是，我越来越多的时间花在上课和写作业之间。纵然心中很无奈，但我知道我没有拒绝的权利。与其被动接受，不如主动迎接，这样起码妈妈是开心的。

有时，我也想放下伪装，轻轻松松地学习，无论成绩如何，不受其他人的过度关注。每次考试，我都会尽心尽力，我的成绩与名次受很多人的关注。我不敢有稍稍的懈怠，不敢让自己的成绩下滑。每次我考试成绩都很好，父母也很高兴，我看上去也很高兴，可只有我自己知道内心的苦涩。

其实，这篇日记也能映射出很多被人敬仰的成功者的内心感受，他们固然希望被人肯定，但其内心却是苦涩的、累的。对于三号实干主义者而言，他们也存在一个不足点：害怕与自己的内心世界接触，关心他人也往往以做事来表达。在他们看来，只有行动才是最实际的，他们不允许自己拖延行动。但实际上，正因为这样，他们常常忽略了人生路上，除了行动还要思考。如果你埋头苦干做得多，想的自然就会少，"想"也是生产力的一种或者是其中一步，事前必要的思考似乎有点麻烦，但是对于三号来说应该学会这一点。

另外，在人际关系这一点上，三号实干主义者为了证明自己比他人优秀，为了获得他人的认同，他们对目标的专注度太高，以至于忽略了其他一些更为重要的事，甚至会在自己无心的情况下伤害那些真心想帮助他们的人。最终导致他们在奋斗的时候，目标还没有达到，就先把认同和关系赔上了。

为此，三号需要记住以下几点忠告：

（1）你需要明白，你在他人心中的地位如何，并不是完全取决于你的成就。

（2）尝试着让别人做做主。

（3）即使再忙，也要抽出时间和家人、爱人相处。

（4）学会享受生活。

（5）问问自己是不是走得太快了。

（6）从紧张的工作关系中抽出身来，开始关注情感和关系问题。

（7）留心自己是否时常把开心、欢乐推迟。

（8）承认自己在某一方面的不足。

慧眼
识人

　　其实，对于三号性格者而言，在他们的内心当中，最原始的渴望就是希望跟身边的人，甚至是所有的人有一个好的关系。可是，很多时候，他们把过多的经历放在了追求成功这个形式上。因此，任何一个三号，都应该学会几条修炼自己内心的方法，只有这样，你才会发现，建立良好的人际关系，并不一定要靠多大的成就，而是看你付出的真心的多少。

与三号性格者和谐亲密相处之道

　　我们生活的周围，总是有一些三号性格的人，三号性格的人的典型表现有：他们做事讲求效率，有些三号性格者还会为达到目的而不择手段，不顾自己与别人的立场。这种人不重视自己的感情世界，他们为"成就"而活，没有多余的精力关注人际关系。可能很多人认为，与三号性格的人打交道，我们会被忽视，会被打压，因此，与三号性格者交往，会让很多人感到不知所措。其实只要我们能掌握他们的性格和行为特征，然后对症下药，便能找

到与他们相处的一些诀窍。

1. 了解他们内心诉求什么

对于三号而言，他们最在意别人对自己的看法，也就是形象问题，这里的形象，不仅包括他们的衣着、服饰，还有他们的能力、成绩等。他们所有的动力都来源于别人的肯定，因此，在与三号沟通的过程中，如果我们能从这一点激发他们，那么，一定会事半功倍。事实上，不是所有人都了解他们心中的诉求。

某工程机械制造厂科员小李是个实干主义者。这天，科长把小李叫了过来，并和他对话："小李，你今天看起来不错啊，听说你最近很闲，是不是没什么事情干。这样吧，听说你以前是英文专业毕业的，反正你也是闲着，就帮我把这篇稿子翻译一下，这个周末之前就交给我！"

"周末？今天都周四了，那不好意思，我恐怕要跟你说声抱歉。下周一我就得出差，还需要准备很多资料呢，所以可能没时间为你翻译。对了，科长不是专业英语研究生毕业吗？这点事，对您来说，肯定是小儿科吧。反正我正职的工作都做不好，就别说翻译这么重要的事情了。"

"啊，我知道了，算了，不求你也罢。"

这里，这位科长实在是"不解风情"，求三号性格者下属办事，千万不能贬低他们。拿对方同别人相比，言辞间流露出批评之意，甚至还批评对方工作没做好。如此一来，对方哪还会想替你做事，这实在是糟糕透顶的谈话。如果这位科长像下面这样说话，就不会碰壁了："小李，你最近有空吗？听说跟你同期的小张最近很忙。知识经济时代，真是能者多劳啊。下周又要开会，你现在一定也很忙吧！我曾听人说你的英文不错，不知能否抽空帮我翻译一下这篇文章呢？这是非常重要的资料，急着要的，行吗？"如此和气的请托，对方还会拒绝吗？

2. 告诉他们这样做可能会有助于他们获得更好的结果

如果你让三号做一件事，相信他一定会问你："那我从中能得到什么？"所以，你不妨直接对他说，他这样做能获得什么。而对于他们的"报酬"，如果能和荣誉、面子有关，那么，对方更愿意效劳。

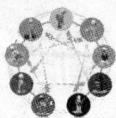

"我工作这么辛苦，当然要得到表扬。我还记得，小学的时候，我当了学校的三好学生，当我走上领奖台的那一刻，我感觉自己身上好像有一束光。我知道那是所有人的目光，我觉得坦然，更觉得激动。这份荣誉，不仅代表我比其他同学努力，更代表我比他们聪明，这是对我最大的肯定。"

3. 直接告诉他们你的感受，因为他们有时真的会忽略别人的感受

三号性格者经常会把所有的精力放在追逐成功上，他们很容易忽略周围人的感受，对此，你不妨直接向他们坦白你的感受而不是指望他们能主动关心你，或考虑到你的感受。

4. 关心逆境中的三号性格者

处于逆境中的三号性格者，往往比其他性格者更容易受挫。因为他们所有的坚强都是拿成就做掩饰的，一旦这层掩饰的外衣被剥去以后，他们内心的脆弱就会显现出来。而假若我们能关心他们，给他们人性化的关怀，是能帮助他们认识到"情感"的重要性的。

慧眼识人

在与三号性格者打交道时，我们需要根据对方的心理动机采取交往策略。具体来说，这些交往策略是：看到他们内心的诉求，多给予赞赏和认同，帮助他们认识到自己内心的感受，提高他们感受幸福的能力等。

三号性格者的闪光点

每一种性格都有它的闪光点，那么，对于三号实干主义者而言，他们的闪光点又是什么呢？

诚然，对于三号而言，他们把成就看得太重，以至于他们会将大部分精

力都放在追求成功上，甚至还会忽视周围人的感受。但与他们相处，我们也能体会到很多的正能量：他们总是那么积极向上、虚心好学，他们靠自己的努力获得成功，他们从不浪费时间……事实上，他们的闪光点实在不少，对此，我们不妨也来一点一点进行分析。

1. 他们看重行动，认为只有努力才能换来成就

这一点告诉生活中的所有人，要想实现自己的人生理想，想要取得一番成就，就必须要付出努力。要知道，天下没有掉天上馅饼的好事，一个人，只有行胜于言，用行动说话，才有可能成功。

2. 他们勤奋努力

实干者认为，他们的价值在于给别人留下的印象，他们骄傲于自己的成就。他们相信，没有工作就没有价值。这里，我们不得不肯定努力工作的意义。

放眼看去，现代职场，那些被上级领导赏识、被员工敬仰的人无不是勤勤恳恳工作者，我们姑且不讨论他们工作的最根本动机，但他们的行动确实带来了积极的作用。

3. 他们虚心学习

对于实干者，为了取得进步，他们总是不断虚心地向周围的人学习，而且，只要是他们不懂的，他们就愿意学习。这一点，也是值得我们学习的。

4. 敢于挑战

三号实干主义者是爱挑战和竞争的，他们是不屑做那些无挑战性的工作的，而对于那些能考验人的能力的工作，他们一般都会主动站出来承接下来。

"我是个急性子。我在公司负责的是创意工作。一次，公司遇到了一件棘手的策划案，很多组员都推来推去，不愿意接下这份工作。因为大家都听说，这个客户十分难缠，他不让你改几十遍方案是不会放过你的。针对这个问题，公司经理召集大家开会。在会议上，我有种感觉，我觉得自己应该将它揽下来。我当时在想，我来公司这么长时间，一直缺少一个让领导认可我的机遇，这不正是一个好机会吗？可是我又不能太着急，如果太早站出来，又显得这项任务过于简单，那就失去了意义。在合适的时机，我站了出来，那一刻我看到领导欣赏的目光，也看到了同事佩服的表情。"

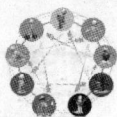

相对于三号实干者而言，可能很多其他性格类型的人并没有这种胆量和魄力，这一点很难得。

5. 目标性强

无论是工作还是学习，他们都有着很强的目标，知道自己下一步要做什么。而且，一旦确定自己的目标，他们就会不遗余力地完成，因此，他们做事的效率是极高的，成功的可能性也很高。

6. 他们是天生的领导者

他们知道什么事情是重要的，他们会努力在竞争中取胜，然后享受成功的快乐。他们通常是单枪匹马地争取个人胜利。但是如果他们认同了团队的力量，他们也会积极带动大家，发挥领导者的作用。他们会不断推动团队向前发展。

7. 做事效率高

为了最有效地利用时间，他们能经常在同一时间内完成几件事，他们好像变魔术一样，会让周围的人感到诧异，但实际上，我们没有看到他们背后的努力。因此，这也是他们心理上的闪光点。

慧眼识人

　　对于三号实干者而言，他们身上的闪光点实在很多：

　　他们愿意吃苦，对工作充满激情、负责任，而且，他们的热情能感染身边的人，他们总是愿意不断学习；不论是对自己，还是对于工作，他们都希望保持积极向上的正面形象；他们愿意参加并支持那些有利于社会和人民的公益活动，愿意帮助他人通过自身努力获得物质上的富裕；他们还非常愿意成为领导者。

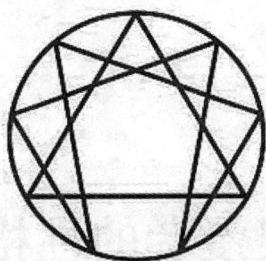

第6章
四号浪漫者——
自我悲情心理的探秘与解析

　　在九型人格中，四号的心理特征是：感情丰富，神经细微，情绪多变，易于被生命中负面的经历吸引，享受痛苦，喜欢自我疗伤，有时觉得所有的人都不理解他们。但他们却也有积极的一面，他们心地善良、真诚坦率、自觉、创造力极高。

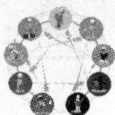

四号浪漫者的性格特征

第四型人格是九型人格中的一型性格，名为浪漫者，又称为艺术型、自我型、凭感觉者。四号性格是个追求自我感受的性格类型，他们经常会由自我感受出发。他们认为，只要我自己感觉好，那就比我们都好。他们天生具有艺术家的气质——忧郁、感觉敏锐、内心丰富。他们是性情中人，情感之于他们，如同空气，他们要从情感中探知精神力量，他们为此而生。因此，在日常生活中，假如你的身边有个爱幻想的朋友，你在和他聊天的时候，一会儿他的眼神就变得空洞了，因为他的思绪早已飞到了远方，这样的朋友就是四号性格者。关于四号艺术家型的性格特征，我们不妨先来看下面一个小故事：

张小姐是个典型的四号性格者，她很爱浪漫。曾经，她找过几个男朋友，但她都觉得对方缺乏浪漫的细胞，最终分手。最近，她新找了一个男朋友，张小姐说，他很懂自己，他知道自己要什么，在恋爱不到两星期后，张小姐就决定嫁给他，这让她周围的朋友感到很诧异。

"我倒想知道，他是怎么制造浪漫的？"她的一个女性朋友问她。

"情人节她带我去吃饭了。"她很兴奋地提到。

"是鲍鱼还是鱼翅，一顿饭就打发你了？"她的朋友继续追问道。

"不是，是烤肉。""那天，我们去一家露天烤肉的地方，我们吃着吃着，突然下起了小雨，雨水打在了棚子上，滴滴答答的，炭火还发出了一阵一阵的声音，太动听了。"张小姐形象地描述着当时的场景。

"天哪，原来你说的吃烤肉就是吃路边摊啊，再者，再浪漫也是天公作美，又不是他制造的浪漫，你还是考虑考虑吧，婚姻不能太草率。"她的女

性朋友很吃惊地回答。

"哎呀，你不懂的，我觉得他就是那个懂我的人。对了，我决定结婚后为他去打七个耳洞，再在腰上纹上他的名字，怎么样，浪漫吧？"她的想法实在让人不解，她的朋友们都不得不由着她。不过，过了一个星期，就在朋友们参加完她的婚礼后，她的确打了七个耳洞，还在腰上纹了纹身。朋友们纷纷感叹："真是搞不懂她。"

这则故事中，我们看到四号艺术家型的一些行为特征，他们很喜欢浪漫，并且，在他们眼里，浪漫的定义与别人是不同的。我们认为的浪漫多半是和玫瑰花、烛光晚餐有关的，而他们认为的浪漫是自己定义的，就像故事中的张小姐一样，她认为下雨天吃路边烧烤是浪漫的，为爱的人打耳洞、纹身也是浪漫的。

当然，除了追求浪漫外，四号还有其他一些性格特征，具体有：

1. 四号是内心丰富的人

四号性格类型的人的内心是经常变化的，这一点，我们能从他们的服饰装扮上看出来，他们的衣柜里有各种风格的衣服。如果是男士，他可能今天穿的很正式，明天又是一身嬉皮士装扮，大后天又可能打扮得很休闲。如果是女士，她今天可能一袭长裙，十分淑女，明天就有可能身着性感的吊带衫，后天也有可能是穿着尽显神秘的森女服。他们之所以如此多变，是因为他们的内心是丰富的，今天，他们觉得自己是这种类型的人，但明天他们就可能觉得自己是另外一种类型的人。为此，在选择服饰上，他们也会根据自己当天的内心感受而选择。

2. 四号是敏感的人

四号之所以内心如此丰富，之所以经常情绪化，就是因为他们是敏感的，周围发生的一切都可能触动他们的神经。为此，作为他们的朋友，可能我们经常感到莫名其妙。但这就是四号，看到什么、听到什么，都会引起他们内心的变化。

然而，四号也是敏锐的，他们的直觉有时候还会帮助我们躲过灾祸。

3. 他们尊从自己内心的感受

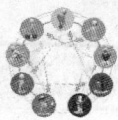

四号是九个号码中最浪漫的号码，他们忠于自己的感受，高兴就是高兴，不高兴就是不高兴，没有什么可隐瞒的。

4. 四号是内向的

什么是内向？内向与外向的分别不在于他们是否喜欢表达，而在于他们在受伤后是否喜欢找人倾诉？四号是内向的，他们不喜欢找人倾诉，他们一般会找个安静的地方自我疗伤。也许有一天你发现，你的一个四号性格的朋友已经不在人世了，你也不要奇怪，很可能他无法走出过去的伤痛而选择了一条不归路。

可以说，四号之所以成为悲情浪漫者，就是因为他们享受痛苦。很多时候，我们发现，他们的脸上都挂满了忧伤，也许在我们看来，并没有发生让他们忧伤的事。

当然，除了以上四点之外，四号还有很多性格特征，比如，爱好自由、爱幻想、爱讲黑色幽默等。

慧眼识人

四号性格者的基本恐惧是有独特的自我认同或存在意义，他们的基本欲望是找自我，在内在经验中找到自我认同。根据这一点，我们也能看出他们的一些性格特征是：浪漫，有幻想，喜欢通过有美感的事物去表达个人的感情；内向，情绪化，容易忧郁及自我放纵，追求独特的经验。了解这些性格特征，便能帮助我们在人群中快速识别出四号性格者，并帮助我们做出更进一步的交往策略。

四号性格的身体语言——刻意地优雅

我们都知道，在四号浪漫主义者的骨子里，他们是渴望获得独特的自

我认同的，为了获取这份认同，他们只听从自己内心的声音。同时，他们的内心也是丰富的，也许当我们正沉浸在与他人交谈的快乐中时，他们却享受着"自找"的一份痛苦。不难想象，一个太注重内心的人不会有太大的肢体动作。因此，我们通常看到的四号都是动作缓慢的，并且，他们是优雅的，举手投足都有种幽怨的气质，只不过，这份优雅有点刻意为之。总结起来，四号在身体语言上的特征是：刻意地优雅，没有大动作，慢；面部表情：静态，幽怨。对于这些特征，我们不妨先来看下面一个案例：

最近，还处于新婚期的刘先生遇到了一个问题，他背着妻子来到一家心理诊所。见到医生后，他道出了自己的苦恼："我和我妻子刚结婚一个月，她很漂亮，我觉得我能娶到她是我的福气。谈到我们的相识，其实还蛮浪漫的。那天，我去咖啡厅等一个朋友，但等了半个多小时都没等到他。后来，我正准备出门时，却不小心撞到了她——也就是我现在的妻子。没想到，我轻轻地撞了她一下，就把她撞倒在地上了，我赶紧过去扶起她，没想到，她就连起身的动作都那么的优雅——她轻轻地拍了下裙子，然后将裙子的褶子理好，再然后，她把手交给我。那一刻，我动心了，我从没见过这么特别的女子，她仿佛就是小说中的人，她哀怨的眼神告诉我，她一定是个有故事的人。说来好笑，那天，我的朋友一直没来，我就和她一直坐在咖啡厅，聊了一下午。"刘先生一口气说了很多。

心理医生接过话茬："看样子，你们有了个很好的结局啊，那后来出了什么问题？"

"她很忧郁，我也不知道她一天在想什么，她总喜欢发呆，我感觉自己走不到她心里去，尽管我们已经结婚了，我也对她很好。但说实话，我觉得我们根本无法融入到彼此的生活中。有时候，我的朋友来家里做客，她动作太慢了，我让她泡壶茶，她居然能倒腾一个小时，让我很没面子。我的朋友也问我，我的太太是不是对他们有意见，为什么脸上从来没有笑容？医生，我想问问你，我的妻子是不是有什么心理问题？"

"根据你的描述，我觉得她没什么问题，这是每个人的性格问题。她是典型的浪漫主义者，在她们这类人的骨子里，天生就住着一个哀伤的神，她

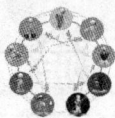

们喜欢沉浸在自己的悲伤里。她们的心理活动太多，又怎么会做事利索、迅速呢？你当初对你的妻子一见钟情，不就是因为她的这种独特的气质吗？"

"说的也是，她的确是与众不同的。"在听了医生的解释后，刘先生感到轻松了许多。

四号动作缓慢但却很优雅，带有一种哀怨的气质。其实，我们熟知的电影《花样年华》中，男女主角所扮演的角色就是典型的四号，整部电影给我们的感觉就是，所有的画面看上去慢得都像静止了。

慧眼识人

四号浪漫主义者，他们在身体语言上显现的特征，也是由他们的性格特征决定的。他们注重自己内心的感受，喜欢自我疗伤，内心丰富。因此，在身体语言上，他们的动作是缓慢的、优雅的、带有哀怨气质的。了解他们的心理，我们就能理解生活中很多四号性格者的行为习惯了。

四号性格者的多层次心理描述

任何一种性格，都是存在多层次心理的。拥有哪个层次的心理，就有什么样的行为特征。对于四号浪漫者而言，能否认识到自身性格者中不好的一面显得尤为重要。对此，我们不妨先来看下面一个故事：

在参加性格测试和培训的过程中，有位年轻人对自己的性格类型产生了怀疑，他不知道自己是属于四号还是二号。

"老师，我是个容易走极端的人，偶尔我还会产生轻生的想法。高兴的时候，我也有无限的激情，灵感四射，并且，我觉得自己也是个有趣的人，喜欢和别人开玩笑。但四号要求忠于自己，我觉得这点和我不太像。"

其实，一个人的性格属于哪种类型，还是要看自己的基本恐惧和基本欲

望。于是，老师问他："如果别人讲了你不爱听的话，让你很不舒服，你还会给他笑脸吗？"老师这样问，是想看看他的人际关系怎么样。

"我会。"年轻人很爽快地答道。

"为什么呢？"老师继续追问道。

"因为我怕别人感觉不舒服。"

根据他的回答，老师发现，他的性格还真有点像二号。于是，下一步，他决定确认一下年轻人到底有多少二号的特征。

"那么，假设对方对你来说是一个无所谓的人呢，你还会对他笑脸相迎吗？"

"我想应该不会吧。"年轻人点了点头。从这里，老师已经可以断定一点，他不是二号性格者。因为对于二号性格者而言，他们即使遇到了无所谓的人，依然不会让对方不高兴。而四号则不是。

"在你自己的感受和别人的感受中，你觉得哪个更重要？"

"我自己的感受吧。"年轻人很爽快地回答。接着他又说道："可是我脾气很好，我从不对人发脾气。"

"难道说四号就经常发脾气吗？其实不是，有时候，四号可以完全活在自己的世界里，一整天乃至更长时间都不与人沟通。"听完老师的解释，年轻人笑了笑，看样子他已经确定了自己的性格类型了。

从这段对话中可以发现，这位年轻人，虽然是四号性格，但却表现出二号性格的一些特征，不过他的基本欲望和基本恐惧却是符合四号的。正如我们前面说的，有些外在特征只是枝叶，只要我们看到自己真实的内心，就能找到自己的性格类型。另外，最重要的一点是，身处不同层次的四号性格者，身上所表现的心理特征的明显程度是不一样的。为此，我们还可以把四号性格者按照特征明显与否划分为几个层次。

1. 找到自我，得到人生的启示

能接纳自己，不再认为自己比别人差和自我否定。抛却那些以自我为中心的行为，开始找到自我，获得了人生的启示。

2. 敏感，但已经开始内省

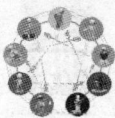

认同自我，察觉到自己内心的真实感受，但还是敏感的，与众不同的。

3. 有创意、学会分享

表达个人特质的方式是创意，开始愿意与人分享。

4. 爱幻想、浪漫

依旧强调自己的独特之处，爱幻想，以强调自身的感受。

5. 情绪化、渴望得到拯救

把自己装扮成幼小和脆弱的一方，以获得他人的拯救，但同时又表现得若即若离。

6. 堕落、放纵

内心有诸多恐惧而放弃梦想，不参与正常的生活和工作。

7. 充满仇恨及敌意

恐惧自己浪费了生命，为了自救而排挤一切不支援自己情感需求的人和事，经常觉得沮丧、疲累、提不起劲。

8. 自我排挤、抑郁症

他们为自己设计了一个理想状态的我，并经常幻想自己成为了这个理想的"我"，而对于那些与幻想不符合的人和事，开始表现出排挤的情绪，甚至讨厌那些不能拯救自己的人，有自我毁灭的倾向。

9. 彻底失望、放弃生命

觉得自己已经没有任何价值了，活着只不过是浪费生命。于是，接下来，他们开始实施自我毁灭的措施——轻生，他们把这种行为当成是吸引拯救者的方式。

慧眼识人

同是四号性格者，心理层次的高低也决定了他们的性格特征是否明显，是否活得潇洒。因此，假设你是四号性格者，那么，了解四号性格者的心理层次，就能帮助你认识到自己的心理，看到自己的行为动机，最终帮助自己实现更高层次的转换。

四号性格者的语言密码

　　每一种性格类型的人，他们的心理特征都会在举手投足和说话的字里行间有所体现。忠于自我的四号艺术型有个很明显的心理特征——自我悲情。他们会自我表现，很有个性，个人主义，享受孤独，甚至会享受某种痛苦带给自己的快感。对于外界世界，他们的态度一般是比较冷淡的。因此，如果你的生活中的某个朋友经常把以下词汇挂在嘴边："我觉得"、"没感觉"、"没意思"、"看心情吧"，那么，他很有可能是个四号性格者。对于四号性格者的语言密码，我们不妨先来看下面一个案例：

　　小李是一名四号性格者，他在一家广告公司做创意文案，关于他在公司的表现，他的上司梁经理是这样说的："小李是我面试的，在面试的时候，我大致看了他曾经的作品，他确实是个很有才华的年轻人，尽管他在面试时的语言表达能力不是很好，但我还是录用他了。接下来的工作中，他确实也没有让我失望，几个创意广告做得都不错。于是，就在今年上半年，我准备提升他为创意部的主管，为了能让大家心服口服，我特意为小李安排了一场听证会，让他为大家讲述自己的一些创意，但接下来发生的事让我失望极了。在听证会上，他完全表达不清楚他曾经做过的几个案子的核心，发言也很没有逻辑，最终，他自己都讲不下去了，只好耸了耸肩，让我帮他把话说完。可能是我对他的期望太高了吧，他还是比较适合创作而不是管理，因为他实在不擅长表达自己。后来，我和他谈了话，让他回了原来的岗位，他倒是坦然多了。"

　　从梁经理的表述中可以发现，对于艺术型性格的小李来说，做创意工作是他的强项，但与人沟通这样的管理工作则不适合他。的确，在语言表达上，四号是木讷的，是不善表达的。其实，对于感性的四号而言，用理性来思考都是一件相当有难度的事，更别说在公开场合发表讲话了。

　　那么，具体来说，四号的语言密码有哪些呢？

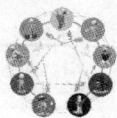

1. 常保持缄默

可能他们大部分时间都在思考，思考自己，思考人生，因此，对于外界发生的人和事，他们并不关心，也就不会发表太多的观点。很多时候，我们在对某个话题津津乐道时，他却一个人坐在旁边，一言不发，给人一种拒人于千里之外的感觉，但这就是四号。

2. 逻辑性差

四号的艺术天赋非常高，很有创意。因为他们有着灵敏的感觉，能够迅速捕捉到外界世界的一些奇妙的东西，然而，他们却不善表达，甚至是逻辑混乱的。当你问他们的创意是怎么来的时，他们却不知道怎么解释。

再比如，在工作中，当他们完成了一项艰巨的任务后，你问他们解决问题的步骤，他们会告诉你"这个事情有3个关键步骤，第一个步骤中又有5个关键点"这样类似的话，但这是他们表现出来的，你要让他们再往下说，逻辑常常就没有了。

3. 喜欢发表感慨

在生活中，影响我们心情的因素有很多，但一般来说，基本上都是与我们息息相关的，如工作和生活。但影响四号的因素却是独特的，如天气、山水、路人等，为此，我们经常会听到四号说："今天的天真蓝啊！""水真绿啊""看天上云卷云舒""那只小狗真可怜"……

慧眼识人

以上三点总结出了四号性格者的语言密码。总之，四号性格的人在语言表达上给人的总体感觉是沉闷的、敏感的、多愁善感的，因此，他们看起来是与人群隔绝开的。然而，四号性格者的内心深处仍渴望他人填补自己的虚空，正是这种虚空和缺乏满足之间的拉锯，令他们追求意义与身份认同。可惜，因为四号性格者总着眼于与他人比较和幻想，令这种追求感觉或变得徒劳。

四号性格者的内心真实需求

对于四号艺术家型的人而言，他们对自己最大的要求就是忠于自我，因此，我们也不难得出他们的内心真实需求——获得自我认同、找到自己存在的意义。四号非常渴望自己的感受被人理解，特别希望有人能够真正明白他们的内心世界。

在人群中，四号总是想成为那个最特别的人。之所以这样，是希望能引起别人的注意。大家可能会觉得这样的人会不太合群、很特别，其实这就是四号的特点，而并不是他真正不喜欢这个群体。

四号的情感世界是丰富的、与众不同的，这一点让周围的人很难理解他们，这也是他们苦恼的地方。他们常常会问自己："在这个世界上怎么就没有人真正了解我？"在他们的思维中，似乎总是缺少了什么，但到底是什么，连他们自己也说上不来，只能清晰地感觉到这个东西对自己很重要。

其实，他们之所以沉溺在享受痛苦和孤独之中，与他们的童年有一定的关系。有些四号曾经被父母遗弃，或者不被父母疼爱，让他们在童年十分孤单，于是，在接下来的成长经历中，他们便抓住这种痛苦的感觉不放。他们觉得，只有痛苦和多变的情绪才能证明自己的存在，他们即使微笑，也是经过一番痛苦的享受之后得来的。了解这一点，我们也就能理解，为什么他们看起来那么与众不同，其实，是他们刻意为之，希望自己找到一份特别的认同而已。我们先来看下面一个四号的日记：

"小时候，爸爸妈妈离婚了，他们把我托付给农村的姨妈照顾。姨妈家有几个哥哥姐姐，姨妈根本顾不上我。我常被村子里的孩子欺负，到了小学五年级的时候，我实在待不下去了。我给妈妈打电话，我说，如果她再不来把我接回去，我就自杀。她被吓到了，只得把我接回去。

不过从那次事情以后，我发现用死来威胁别人好像很有效。我记得我和我的上一个女朋友也是这样，她要和我分手，我说分手我就自杀，她妥协

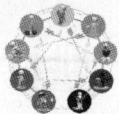

了。其实，我这样做，只是希望她们能重视我、爱我。但没想到，我的脑子里却真的经常出现自杀的画面，我甚至觉得那种鲜血淋漓的感觉很好，不过我还没有试过。一旦我发现别人不在乎我或者不认同我，我就感到万念俱灰。

平时，我很安静，一到下雨天，我就特别兴奋，我能捧着一本心理学书看一下午。我有了心事，也不愿意找人倾诉，即使是我最亲的人，因为我觉得他们根本理解不了我，我还不如在书中自己寻找答案。"

从这一表述中可以发现，四号艺术型者最大的心理诉求就是获得认同。为此，他们不惜将自己描述为受伤害的一方，希望得到别人的同情。对于那些不健康的四号而言，他们甚至有倾向性躁郁病，给人一种疏离感。在他们的心里，他们认为自己是和别人不同的，因此，他们会选择与别人不同的生活方式。

正是因为有这样的心理诉求，所以，对于四号性格者而言，他们一直在苦苦寻求一种东西，可不知道为什么，一直都找不到，至于这种东西是什么，他们自身也并不清楚。偶尔，他们也觉得自己想要的东西找到了，但过后，他们又发现事情并不是如此，为此，他们常常感到忧伤，表现出多愁善感的气质。

相对于其他性格类型的人而言，四号更喜欢独处，尤其是当他们心情不好的时候。因为只有独处，他们才能感到自己的存在，他们才有机会享受这种痛苦。与倾诉相比，他们更喜欢找一个无人的地方，放声哭一场，任由情绪翻滚。

在人际交往中，他们表现出的状态是挑剔的。交往之初，如果他们对对方的感觉不好，就会表现得十分孤傲；如果对方给他们的感觉不错，他们就会迅速与此人建立起联系，并且发展出很好的关系。

慧眼识人

　　四号性格者就是这样情绪化、敏感化，所以常会有自己受到他人冷落、受伤的感觉。但如果你属于四号性格，你还应该认识到，发现自己的缺点固然是好事，但不必要为此否定自己或者采取扮可怜甚至更激烈的形式来获得认同。一个健康的四号虽然是自我反省的、自觉的，不断"寻找自我"的，但同时也是有同情心的、机智的、谨慎的以及尊重别人的。

四号性格者处理情感生活的方法

第5章已经分析过，三号性格的人在处理感情生活上的态度是：压抑，令自己忙碌，以成就来掩盖痛苦等。那么，四号又有怎样的处理感情的方式？对于四号而言，他们的内心是十分丰富的，他们追求独特，他们寻求自我认同，因此，我们不难发现，他们处理感情的方式是：寻求拯救者——一个了解他们，并且支持他们的梦的人；恐惧——平淡，被遗弃，寻找不到真我。四号性格者对人若即若离，却又依赖支持者。当然，关于这一点的分析，我们还是需要从两个方面入手。

首先，在对待婚姻爱情上。

无论是男人还是女人，可能都喜欢有情调的异性，这样，日子会有趣很多。而四号艺术型的人又被称为浪漫主义者，他们就是有生活情调的、有品位的。但他们只关注自己的世界，将精力集中在自己身上，这就意味着他们没有多余的精力来打造你的生活，更没有那么多的精力来注意你的需求。对此，我们先来看下面一个故事：

"他是一个特别的人，我们的相识很有趣。那天，我去找一个大学同学，他在一所大学当助教。在学校附近的一个茶餐厅，所有人都在交谈，他却拿着一本古诗词在读，我开始注意他，举手投足之间，他都有种诗人的感觉，我一直比较喜欢有文学修养的男生。后来，我的朋友告诉我，他也在这所大学教书，于是，在朋友的介绍下，我们就认识了。我被他深深地吸引了，他很浪漫，恋爱的时候，我经常能收到他写的情书，那段时间，应该是我们过得最甜蜜的时刻。

可后来，我才发现，其实，这样的男人太自我了，他的世界里只有他自己。我们恋爱半年，我都觉得我们还是陌生人，他什么都不跟我说，我不知道他到底在想什么。而最大的问题是，他们学校有很多被他的文学才华所吸引的女生，而他，也没有明确拒绝，还和这些女生保持书信往来，我是无法

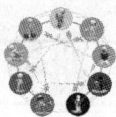

容忍这点的，于是，就在上周，我主动提出了分手。尽管我有些难受，但我不想与这样的人过一辈子。"

从这位女士的表述中可以发现，她口中的男朋友就是个典型的四号性格者。他们尽管浪漫、爱好诗词、有修养、有文化，但却只关注自己的内心，常常会忽视爱人的需要。与他们初次相识，我们可能会被他们的与众不同所吸引，但经过相处后，我们会对他们感到失望。

对于感情，四号最注重的是感觉，因此，即使有了恋爱关系或结了婚，他们也不会安于现状，而是继续追求感觉，一旦感觉没了，他们会随时与你宣布恋爱或婚姻关系的结束。他们是"好新鲜的"，和你相处一段时间后，会认为你是庸俗的，而离开你，他又开始思念，于是，他与你的关系也就会分分合合。他们的爱情也总是如狂风骤雨般激烈，好像从来没有不温不火。

他们对待伴侣也是若即若离的，他们偶尔会扮演受害者的角色，所以，他们会受尽爱与被爱的煎熬。

那么，四号的理想伴侣是哪种性格类型的人呢？

四号理想的伴侣是三号。三号是实干家，注重行动，他们不愿把过多的精力放到情感上，而四号正好相反，他们是注重情感的，童年时代被抛弃的感觉是他们所排斥的，因此，他们会想方设法来吸引三号的注意。此时，三号就会暂时放下工作，享受四号带来的甜蜜的爱情和婚姻生活，然后，三号又会重新进行自己的实干工作，四号便会继续吸引三号。如此循环往复，爱情婚姻里便充满了新鲜感，这也是四号所需要的。

当然，我们也不能完全肯定只有哪种性格的人适合四号浪漫主义者，每个人身上所显现出来的类型也不一定是单一的。任何两个人相处时，都存在一定的相互吸引和相互排斥的地方，这就是为什么人们常说"感情是相处出来的"。

其次，在人际关系上。

四号性格者在这一问题上的态度是独特的，他们也希望获得认同，但一旦他们发现对方的缺点，便会采取拒人于千里之外的态度，并且，他们常认为别人对自己是不理解的。因此，很多时候，四号的人际关系并不是很好。

慧眼
识人

　　对于四号性格者而言，他们所表现出来的精神状态是活在自己的世界里。如果你也是一名四号性格者，那么，你需要注意的是，无论对待你的爱人还是其他人，你都应该调整自己，学会表达内心，学会关爱他人，接受他人的不足，看到自己的长处，也许你会活得潇洒很多。

四号性格者的职场表现

　　我们工作的周围，有这样一些人，他们总是迟到，他们不喜欢固定的工作时间，他们心情好的时候工作效率极高，一旦感觉来了，他们的创意无人能及……这样的人就是四号艺术家。在职场，他们显得那么特别。那么，四号性格者在职场中都有什么表现呢？同样，这也要视四号性格者在职场的具体角色而定。

　　首先，四号性格者作为员工。

　　他们很讨厌纸上作业、冗长、科学化、理论性及烦腻的工作，他们喜欢的工作环境是自由自在的，比较适合做一些有创意的工作，如广告策划等。他们的工作模式是：目标的完成是靠创造力，感觉是创造力的源泉，关注当下。

　　正是因为他们有这种独特的感受能力，他们的创造能力也是其他性格的职场人士所无法企及的。在职场的一些创意性竞赛中，他们常常会给我们带来惊喜。我们不妨先来看下面一个领导对他的四号性格的下属的评价：

　　"小杨是个木讷的人，他在办公室好像都被大家忽略了，另外，他总是特立独行，也很难融入大家的生活。平时，他除了工作之外，还比较喜欢写一些诗歌什么的，尽管他从不把这些诗歌晒出来。他还经常迟到，我也批评过他几次，他也没改。为此，好几次的月奖金，他都没拿到。不过，上次他

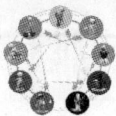

的表现实在让我们刮目相看。

那次，公司接了一个大广告，如果这个广告策划能做好，那么，我们下半年的营业额就不用担心了，但工作难度相当大。客户是个挑剔的人，公司几个老的创意员工来回改了几次，还是被客户否决了。眼看，我们的业务就要被另外一家竞争对手抢走了，那天晚上，我着急得都没有睡着。但就在那天晚上三点多，他居然敲开了我家的门，丢给我一张策划案，还有一句话：'我刚做好的，你看看吧。'说完，他又走了。我心想，死马当活马医吧，我连他的策划案都没看就交给了客户，客户的表现太令我吃惊了：'张总，没想到你们公司卧虎藏龙啊，您可真是不到关键时刻不出手，这次合同敲定了。'

连我都没想到，平时一声不吭的小杨居然是个人才，真的是我小看他了。"

的确，四号性格者其实是有着与众不同的力量和智慧，能帮助工作中的伙伴和领导解决一个又一个问题，但他们的这种智慧却很难被人发现，就如同故事中的小杨一样。那他们为什么拥有这样的智慧呢？因为他们有着与我们不一样的生活体验，注重细节的他们比我们更能看到很多事物深层次的东西。在团队中，他们的特殊贡献就是那永无止境的解决问题的创意能力，还有对组织、对同事的那种热爱。

然而，他们也存在一些困扰，尤其是当他们看到了自己的一些缺失，他们就会变得自暴自弃、否定自己，甚至会不断消沉下去、无心做事。

其次，四号性格者作为领导。

即使身为领导者，他们依然是情绪化的、变化无常的，此刻，他们下达的指令是这样的，但不到十分钟，他们可能就会下达另外一条完全不同的指令，而这会让他们的下属感到无所适从。

他们的管理方式是独特的，在对企业和市场的定位上，他们有敏锐的嗅觉。在管理企业时，他们会表现出一定的情感倾向，对于那些自己喜欢的人，他们会支持，反之，就不会重用。在他们感觉良好时，是个很有魄力和有能力的领导者，能取得让人惊叹的成果。

他们是贴心的，即使不和员工打成一片，也能了解员工的心情和感受，尤其是当员工遇到不好的境遇时，他们会关心员工。另外，身为领导者，他

们可能不按时上班，就连迟到的下属，他们也能理解。

他们是在意下属感受的人，如果你心情不好、无心工作，那么，他们肯定会找你沟通。但反过来，一旦他们遇到问题，他们是不愿意对人倾诉的，是个让人难以琢磨的领导。

他们对下属的使用一般不易很理智，会支持感觉好的一方，会出现冷热不均的情况。还由于他们对员工的要求不能很清晰地表达，导致员工无所适从。另外，执行或发布详细量化的指标对四号是一个很大的挑战。

慧眼
识人

> 职场上的四号性格者是低调的，他们凭感觉做事，好处在于，工作方式富有人性化，经常取得令人意想不到的成就；缺点在于，不理智、行为散漫、不懂表达，常在职场遭遇一些人际问题。身处职场，如果我们工作的周围也有四号性格者，那么，了解他们的心理及表现，能帮助我们成功采取应对的策略。

四号性格者如何调节心理

四号艺术家型的人有以下行为特质：情绪化、喜怒哀乐多变、享受痛苦、缄默、害羞、感情容易受伤等。当然，四号性格者的心理特征还有很多，其中还有一些很不健康，比如：自我抑制、自我折磨、严重沮丧、心情极差、自责、自卑、埋怨自己没有用、憎恨自己至绝望地步、有寻死念头、自觉已无生存价值、多数想自杀、常有用药的习惯等。很明显，这些心理特征很不利于一个人健康正常的生活。作为四号性格者，一定要及时察觉自己的不健康心理并做到自我调节，学会体会真实的快乐。

王大姐有个学习成绩很优异的女儿，不过，她有点古怪，平时不爱说话，也不爱与同学们打交道。王大姐心想，自己的女儿性格内向也没什么不好，可以集中精力学习，大了自然就会变得开朗起来。可是，最近，王大姐发现自己的女儿情绪好像很不对劲，不怎么吃饭，晚上大半夜也不睡觉，没事一个人经常发呆，王大姐很担心，便趁女儿上学的时候看了她的日记。她的日记中写道："我老是觉得生活没有什么实质的意义，稍微生活有些不如意，就想死了算了。总觉得想得到的东西好像很快就能实现，对物质、对名利又没有什么特别渴望。就在早上，我就想从顶楼跳下去死了算了，当这种想法闪过我脑袋时，我内心在挣扎着，突然觉得好可怕，我问自己为什么会想到去死？是解脱还是自己软弱？我不知道，我真不知道会不会有一天就自杀了。另外，我每天走在路上，看见那些奇装异服的社会青年，我就忍不住过去找他们说话，他们好像过的比我自由，可是玩过以后回家，还是那么的空虚，我到底是怎么了？"

王大姐并没有将自己偷看女儿日记的这件事告诉女儿，而是去了心理咨询中心，她将女儿的情况告诉了医生。医生建议，她应该带女儿看一下心理医生，因为她的心理和行为已经出现了明显的自杀倾向。

很明显，王大姐的女儿应该是不健康的四号性格者，医生的建议是合理的，如果她不及时调节自己的心理，很可能走上自我毁灭的道路。

没有哪一种性格的人是完美的。健康的四号是充满创造力的，而四号性格者的心理健康与否，也事关他们的生活质量和工作状况。那么，你可能会产生疑问，哪种状态是属于健康的心理状态，哪种又是不健康的呢？对此，我们可以将四号性格者的心理状态分为以下三个方面。

1. 健康的四号

健康的四号是充满创意的，他们能取得自己的成就。在工作中，他们也乐意与同事接触，也愿意参加一些公共活动，但同时，他们依然有自己独立的空间，享受独处的时刻。

除此之外，他们是贴心的，对于周围人的生活状况和感受，他们是能感同身受的。

他们的生活也很有品位，常常会听听音乐会、做做诗等，总之，他们给

人的印象是积极向上的。

2. 一般状态下的四号

他们的情绪是多变的，情感是丰富的，他们这样做是为了引起他人的注意，他们开始不愿意进行挑战性和创意性的工作，开始有虚荣心和自恋倾向，开始通过追求享乐来满足自己幻想的身份。他们有好胜心，会玩弄情绪，并在其他人面前进行角色扮演。

3. 不健康状态下的四号

当他们开始变得心理不健康的时候，会无法控制自己的情绪，常常会变得歇斯底里。另外，他们还会出现一些其他情绪，如自恋、妒忌、多疑等。

他们的心理之所以不健康，是因为他们更加关注自己的内心，甚至开始只跟自己的感觉生活，开始与社会脱节，开始被死亡和悲哀困扰。

另外，他们对自己身份的幻想也更加严重，他们甚至幻想自己是个没落的贵族，感觉自己被孤独地放逐在异乡。

他们喜欢用独特的艺术形式来表达自己的感受，尽管这些艺术形式连他们自己也无法读懂。

慧眼识人

可见，对于不健康的四号性格者而言，调节心理尤为重要。为此，你需要告诉自己以下几点调节的方法。

不要让自己被情绪控制，一旦自己产生情绪，就要学会扪心自问，我是否在借这些情绪去逃避某些其他事情，如工作，或者反省是否为了闹情绪而闹情绪。

不要放弃。这是四号性格者的通病——一旦遇到情绪，就很容易放弃手头的事。对此，给自己一点恒心吧，坚持下去，你会看到成果的。

不要因为与其他人的看法不同，又或者没有自己的深度，就彻底地否定了他人的能力。

不要把事事看得太个人化。

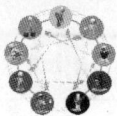

与四号性格者和谐亲密相处之道

四号性格者是独特的，他们有以下典型表现：追求独特、讨厌平凡、个性偏执、不甘于脚踏实地的生活、容易逃避现实。正因为这些独特，生活在他们周围的人会觉得四号性格者根本无法相处，从而孤立他们。其实，只要我们了解四号内心的真实需求，并掌握一些与他们相处的策略，我们是可以与四号性格者结交的。对此，我们不妨先来看下面一则职场故事：

最近，某大型公关公司创意部来了一位特殊的女孩，在做了简单的就职宣讲后，她就高傲地走下了台，令公司很多领导愕然。只有她的顶头上司知道，这个女孩是个四号性格者，由着她去，才能激发出她的才能。

这个女孩叫林可，她并不是名牌大学出身，但就在她交给上司艾琳的作品中，艾琳发现了林可独特的审美视角。

林可从来不按时上班，就连第一天上班，她也迟到了，公司一些不怀好意的人对艾琳说："这个新人太嚣张了，第一天就迟到了，分明是不把您放在眼里。"

但艾琳却是这样回答的："在这个公司里，我从来都尊重每个人的个性，她如果能给公司带来收益，那么，即使她不来上班，我也不会开除她。那些天天坐在办公室的人，也不见得真的做了多少工作。"艾琳的这一番话让对方哑口无言。

偏巧，此时，林可正准备找艾琳谈点事，这些话她都听到了，她对艾琳感激有加，没想到，这个领导这么善解人意。果然，在以后的工作中，林可虽然还是会经常迟到，但她的表现实在太让艾琳满意了。每次，经她手的策划案都获得了满堂彩。

这则故事中的领导者艾琳的确是个慧眼识英才的人，并且，她深谙与不同性格的下属打交道的方法。对于林可这种四号性格的人，她采取的方式就是"放养"，尊重他们独特的行为，给足他们自由，让他们感受到被尊重和

被爱，处于健康心理状态下的他们的爆发力是惊人的，创造力是无穷的。

那么，具体来说，在日常生活中，我们该如何与四号性格者打交道呢？为此，我们不妨掌握以下几条小建议。

（1）一定要重视他们的感受，也要让他们知道你的感觉、想法。

（2）给予贴身的支持，密切地配合他们，让他们感觉到你是支持、关心他们的。

就工作而言，如果你是四号的上司，你安排给他一个任务，那么，你必然会问到完成任务的时间的问题，那么，对于以下四号的回答，你千万不要诧异，因为他们就是这样注重结果的人。

领导："你需要多长时间？"

四号："10天。"

领导继续问："那么，这10天的时间是怎么安排的呢？"

接下来，四号可能并不会回答时间是怎么安排的，因为他们自己也不知道。但你最终了解的情况是：他第一天睡觉，第二天半夜起来做了一半，之后一周的时间都在外面游荡，到第十天，他熬夜把剩下的事情做完，然后把结果交给你。

（3）如果他们沉浸在某种情绪中难以自拔时，问问他们当下的感受，让他们有机会抒发情绪，帮助他们走出情绪。

当然，你不要教其如何处理自己的情绪，尽量不要批判他们太悲观、小事化大等，这样只会使之更加受伤。

（4）不要以理性来要求他们，听听他们的直觉，开启你不同的视野，也不要对他们投以怪异的眼光，尊重其独特的风格。

和故事中的林可一样，四号是没有什么时间概念的，他要么不迟到，要么一迟到就是几个小时，甚至一整天都不见人影。对此，你可以让他留意别人的工作时间，因为大家是同一个团队，只是分工不同而已，这样可以督促四号工作。

（5）鼓励他们把意念和构思讲出来，欣赏其深度。若有不明白，就坦诚地说出来，不可装明白敷衍过去。

慧眼
识人

在与四号号性格者打交道时，我们需要根据对方的心理动机采取交往策略，具体来说，这些交往策略是：不要期望四号有好的表现，将焦点放在最后的结果上；重视四号的感受，提醒他们不要被别人的情绪影响太多；帮助四号分清人与事，让四号明白评价不等于批判；留心聆听四号的感受；要求四号在转变前仔细衡量得失等。

四号性格者的闪光点

我们反复强调过，任何一种性格都没有优劣之分。也就是说，每一种性格中都有一些闪光点。那么，对于四号艺术家性格的人而言，他们的闪光点又是什么呢？

诚然，四号是情绪化的人，要么极度亢奋，要么极度忧郁，让我们觉得无法相处。实际上，我们也发现，他们是有独特气质的，他们是情感真挚的、而不是虚伪的，他们创造力极强……事实上，他们的闪光点实在不少，对此，我们不妨也来一点一点进行分析。

1. 气质独特、审美与众不同

他们总是在追求独特的自我，这在他们的气质上尽显无遗。另外，他们的审美也是独特的，如衣着品位上，他们富有个人风格，眼光独特，在色彩搭配和衣服款式上，他们有自己的见解，很有艺术家的气质，有时会十分突出而令人震惊。

腹有诗书气自华，大部分四号性格者爱好诗词歌赋。于是，我们常常看到的四号有着一双柔情似水的眼睛，他们的眼神是传神的、感性又迷人。

"我是个心理医生，曾经，我告诉自己，找对象一定不要找四号性格的

人，因为他们实在太难驾驭了，但这一准则就在那一天被打破了。

说来也巧，那天我的车坏了，不得不拉去修理厂维修，我便在车站等公交车，就在我踏上公交车的那一刻，我由于太过用力，不小心将身边的一个女孩挤倒了，奇怪的是，她居然没吭声，我冲她说了句对不起，她也没有回答。我心想，好奇怪的女孩，此时，我打量了她一下，她身穿一条藏青色棉布长裙，原本就很瘦削的她显得更瘦了，我发现她的黑色的浓密的头发上卡了个样式古老的黑发卡，不仔细看，是看不到的。她的眼神很空洞却也很迷人，根据我的经验，我已经猜出她大致的性格类型了，但我也不知道自己怎么了，我一下子被她吸引了，原本我已经到站了，可是为了在她身边多站一下，我竟然坐过了很多站，我尾随她来到她公司楼下才离开。

后来，我的车修好了，但接下来几天，我都故意在同一时间坐同一趟公交车，为的是等到她，但我忽视的一点是，四号性格的人是不按常理出牌的。为了认识她，我直接去了她上班的公司。

再后来，经过很多努力，她答应和我来往，而现在，她已经是我女朋友了，尽管她的行为总是那么出奇，但我理解。回想起当初的那种心动的感觉，到现在心口还是满满的幸福。"

多么浪漫的一个爱情故事！的确，四号艺术家型的人就是那么吸引异性的目光。无论男女，他们的举止都显现出一种优雅。他们生命的独特性或通过他们的服饰装扮体现出来，或是在天赋才华中流露，他们很怕随波逐流，看来十分有灵气，而这些，都会产生一种吸引他人的气质。

2. 自觉、个性强、敏感性、同情心

四号的情感是丰富的，他们的神经经常会被周围的一事一物牵绊，即使路边的一只流浪猫都会让其泪流满面。

敏感度极高，对人的不幸遭遇有深层且天赋的同情心，会立刻抛开自己的麻烦，去支持受苦的人。

同时，他们还是自觉的。如果他们是你的下属，犯了错的话会立即改正过来。

3. 创造力高，幻想力丰富

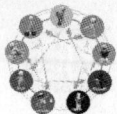

心理健康状态下的四号是极富创造力的，他们对日常事物有着过人的洞察力，而且会用意想不到的方式将之重新排列、整合起来，这种惊人的创作力常常叫人击节赞赏。

他们在热情洋溢、精神亢奋时所爆发出来的能量是惊天动地的，这时他们会突然变为一个精力饱满的人，会不眠不休地完成手上的工作。

4. 对他人与人性的感受很敏锐

他们真诚、坦率，说话不会转弯抹角，不会阿谀奉承。如果能接受他们不耍嘴皮的坦诚和可爱，他们也是可以与人交心的；只要是他们视为可以真诚交往的人，他们会为朋友仗义而不计较自身的付出。

慧眼识人

对于四号艺术家型的人而言，可能我们经常看到的是他们的多变性和不易相处，但实际上，他们身上的闪光点实在很多：创造能力强，有直觉，有灵感，触感敏锐，立场坚定等。

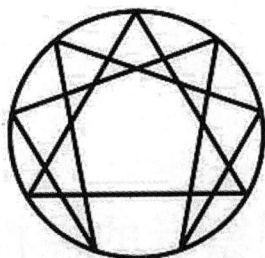

第7章
五号观察者——
理性善思心理的探秘与解析

　　九型人格中，五号观察者是很私密的人，他们喜欢待在家里，更喜欢独自一人探究知识；他们与世隔绝，从不受感情的困扰；人际交往中，他们更愿意坐在角落，像一个旁观者一样观察他人。实际上，正是因为他们总是扮演生命的旁观者的角色，总是用抽离的方式对待他人，他们活得并不是那么潇洒、快乐。与他们相处，我们必须学会尊重他们的特质，并帮助他们参与生命，让他们感受到真正的存在感和安全感，他们便会对我们打开心扉。

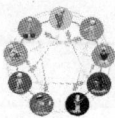

五号观察者的性格特征

九型人格中，第五型人格被称为思想家、侦查员。顾名思义，他们爱好思考，追求丰富、深刻的知识，越是难度大的理论知识，他们越感兴趣等。在日常生活中，如果你的身边有个朋友，他们与世隔绝，整天探究一些理论性问题，那么，他就是五号性格者。关于五号观察思想者的性格特征，我们不妨先来看下面一个故事：

"大龄女青年杨晓芸顺利地吊到了一个金龟婿。"很多人都这样评价杨晓芸的婚姻生活，在他们看来，杨晓芸是幸福的，她的老公小林在一家研究所工作，月薪上万，有车有房。另外，小林还是个脾气极好的人，杨晓芸说往东，他不敢往西。但他们没想到的是，小林是个典型的思想家，因为所学专业和所从事的工作的关系，他更是把这种爱思考的习惯带到了生活中。

一个周末，小林放假在家，杨晓芸接到了妈妈的电话，让她回家一趟。当时，杨晓芸正准备洗被子，于是，她交代小林："我中午回去一趟，被子已经泡好了，你洗一下，洗完晾在阳台上就行，行不？"

"当然行。"小林很爽快地答应了。杨晓芸心想，这个平时连厨房都没有进过的男人，想必肯定洗不干净，不过被子也不是很脏，他愿意洗就已经很不错了。

可是当杨晓芸从娘家回来的时候，她惊呆了，她看到了在卫生间洗衣服的小林，他根本没有洗，而是对着一些书本研究，她当即说："小林，你在干嘛呢？"

看到惊讶的妻子，他赶紧解释："小芸，我发现一个问题，你平时洗衣服泡那么长时间太不对了……"

"得，打住，小林，我让你洗个衣服，你就整出这么一堆理论来，算了，让你洗衣服本身就是我的错，你还去研究你的东西吧，我来洗。"杨晓芸说完，赶紧推开小林，自己洗起衣服来，对于小林的行为，她不知道是气还是好笑，而站在一旁的小林，更觉得妻子的反应莫名其妙。

相信我们生活的周围，也有一些像小林一样的人，在理论与实践之间，他们更重视理论。对于洗衣服这样一件小事，他们能研究出很多种方法来，但他们就是不洗。他们可能告诉你他们很擅长打台球，该掌握哪些技巧，但当你问他们曾经赢过多少次时，他们的回答可能令你吃惊，他们从来没有打过台球。这就是五号观察者。那么，具体说来，五号有哪些性格特征呢？

1. 独立，喜欢独处

他们觉得思想活动重于一切，生活琐事对于他们来说都是浪费时间的，因此，他们非常喜欢独立，讨厌被人打扰。他们即使一个人生活，也会觉得非常幸福，如果你没事经常去找他，会让他感觉到厌烦，到最后，他甚至会在门上挂上写有以下字样的纸条：除非跟生死有关，否则不要敲门。

在外界看来，他们是世外高人，更喜欢每天待在实验室和家里做研究，或者去图书馆查资料，而假如让他们去参加一些公共活动，他们是极其不适应的。

2. 充满疑问

在他们很小的时候，他们就对周围的世界充满了疑问，他们总是问父母：为什么要吃饭？为什么要睡觉？他们总是问老师，为什么有太阳和月亮？于是，无论是家长、老师还是同学，都被他问烦了，他们不得不为自己买一本《十万个为什么》，每天睡觉前，他们都必须在这本书上找到自己需要的答案。

3. 关注探究，思考代替行动

正如故事中的小林一样，对于一件小事，他们可能会研究出众多方案，但他们却不愿意动手实施。

4. 他们最怕的是自己无助、无知、无能

他们希望自己既有知识又能干。虽然他们也喜欢虚荣，但却没三号性格

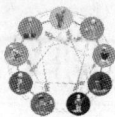

者那么强烈，三号认为只要能干就行，有无知识无所谓，而五号则认为知识最为重要。

　　五号性格者的基本恐惧是无助、无能、无知，基本欲望是能干、知识丰富。他们希望自己能成为某个方面的专家。根据这一点，我们也能看出他们的一些性格特征：热衷于寻求知识，喜欢分析事物及探讨抽象的观念，从而建立理论架构。了解这些性格特征，便能帮助我们在人群中快速识别出五号性格者，并帮助我们采取更进一步的交往策略。

五号性格的身体语言

　　在生活中，五号观察者被人们称为"隐士"，因为他们非常私密。周末，当我们享受着温暖的阳光时，他们却宁愿把自己锁在家里，关掉手机，拔掉电话线，不想与任何人说话；他们总是避免与社会产生联系，一旦他们不得不参与公共活动，就感觉自己好像是透明人一样，他们为此感到很不安。因此，我们不难发现，与五号交往时，他们通常会有一个自我防御和保护的动作——双手交叉胸前，上身后倾，翘腿。关于这一点，我们先来看下面一个相亲故事：

　　凌琳是名心理医生，从毕业以来，她一直忙于工作，忽视了个人问题，而现在，已经三十岁的她不得不接受家里的安排——相亲，即使她对这种结交异性的方式很排斥。

　　这天，母亲告诉她，亲戚安排了一场相亲活动，对方是一名大学老师，有房有车，人品很好。晚上凌琳精心打扮了一下，来到了事先约好的

咖啡厅。

可能是职业关系，凌琳决定还是先看看对方的穿着打扮、动作等，大致判断对方的性格，才知道适不适合相处下去。于是，进了咖啡厅后，凌琳并没有直接去找他，而是先找了个比较隐蔽的座位坐了下来。

凌琳发现，这位男士虽然打扮服装得体，长相不错，但却不适合自己。因为他的坐姿是这样的：他双臂交叉抱于胸前，上身后倾，翘腿，这是一种防御性的姿势，也是五号性格者的典型身体语言。当然，她也不想就这样为对方贴标签，她还是决定和对方交谈交谈。果不其然，从与这个男士后来的交谈中，发现了他对凌琳的不满："你已经三十了？长那么漂亮为什么不结婚呢？"……一连串的问题向凌琳扑来，她真后悔没在看见他的姿势之后离开咖啡厅。

故事中的凌琳之所以发现对方不适合自己，就是先看清楚了对方的动作——双手交叉胸前，上身后倾，翘腿，从而判断出他是自己不喜欢的五号性格。

那么，五号性格者为什么会有这样的动作语言呢？

在五号性格者看来，他们在很小的时候，就开始封闭自己的内心，他们总是觉得自己曾经受到了某种侵犯，他们内心的秘密曾被人偷走了。于是，人际交往中，他们便采取回避、撤退的措施，他们认为这样能保护自己。外面的世界充满了危险和侵犯性，他们不愿到外面去，宁愿待在自己的城堡里，哪怕一无所获。而在行为动作上，他们便自然而然地想与他人保持一个安全的距离，因为一旦他人靠得太近，他们就会丧失自己最主要的防护能力。而这就是他们有这样的动作的原因。

对于自己不喜欢的人，他们会表现出更明显的抗拒动作，你上前一步，他们就会后退一步。

另外，在语言表情上，他们的特征是：面部表情冷漠，喜欢皱着眉头，所以很多五号从小就有抬头纹。

在讲话方式上，他们说话不像四号性格者那样抑扬顿挫，他们的语调很平淡，喜欢刻意表现深度，兜兜转转，就连讲故事都没有什么感情色彩。

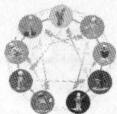

　　五号观察者，他们在身体语言上显现的特征，也是由他们的性格特征决定的。他们不喜欢与人接触，喜欢独处，把大部分的时间都花在思考、观察以及一些理论研究上。他们过分保护自我，因此，在身体语言上，他们经常是双手交叉于胸前。了解他们的心理以及他们的典型动作，能帮助我们识别出周围人的性格特征，也能帮助我们知道如何与他们打交道。

五号性格者的多层次心理描述

　　九型人格中，五号性格者是思想家，他们希望自己能成为某一方面的专家，拥有超强学习能力和好奇心，他们的研究能力极强，也很理智。但和其他性格类型者相似，五号观察者的心理也是多层次的，处于越低层次的五号性格者，他们的行为越是古怪，越是无法看到真实的自己。因此，我们有必要对五号观察者的多层次心理进行描述。对此，我们不妨先来看下面一段对话：

　　"我是个很爱看书的人，我的书房里到处都是书，我最喜欢看的是理论性书籍，无论多么高深的理论，我都有耐性把它弄懂，然后我会陷入深深的思考中。有时候，即使我妻子叫我，我都没听见，上次她让我看着正在烧的水，结果我看书太入神了，一壶水都烧干了。我不大喜欢与人打交道，平时妻子喊我陪她的几个朋友打牌，我都推辞不去，真不明白为什么她们要把时间花在这些无聊的事情上。我其实也知道我性格中不足的地方，但一时半会我也改不了。不过我觉得自己在某些方面还是挺不错的，比如在工作上，我对自己的要求很高，曾经有个剧组请我写剧本，我已经完成了一稿，我认为深度不够就把它撕掉了，然后再写！别人都已经认为可以了，而我还是认为不够！我是五号性格吗？有时，我也怀疑自己是不是三号？"一位男士在做

性格测试时产生了疑问。

"那么，在知识和名利地位看来，你更看重哪一个？"为他测试的老师问道。

"知识吧，我觉得自己是一个杂家，所有的东西我都想去看一看，都想去了解一下。"他这样回答道。

为了确定他是不是五号，老师又问了一个问题："在想到一件事时，你会立即实施吗？"

"我是个光想不做的人，家里的电冰箱、电视坏了，我能在网上查出很多修理的方法，但我就是不去修理。"

"那么，我可以肯定你是五号。三号是爱慕虚荣、爱出风头的，而你更重视知识。另外，五号也是典型的思想上的巨人、行动上的矮子，与现实保持同步是你必须面对的难题。"

从这段对话中，我们大致能看出五号观察者的性格行为特征。很明显，对话中的五号是健康的，虽然他喜欢独处，喜欢思考和研究，但他能认识自己的缺陷，对自己的分析也很透彻，相信他能在日后的生活中逐渐改进自己。

前面，我们已经分析过，任何一种性格都没有优劣之分，但却有心理层次的不同，对于五号观察者而言，他们的心理层次又可以分为哪几个层次呢？

1. 头脑清晰，开始参与生活

不再做生活的旁观者，开始放下一味的思考，而是通过参与来证明自己的才干，有爱心，有头脑，有远见。

2. 洞察力极强

好奇、聪明，依旧坚持独立、注意自身形象，关注外界环境，能轻松应付。

3. 专注力高、有创意

渴望成为某方面的专家，不喜欢参与竞争，对新理念的探索充满激情。

4. 构思、准备

勤奋学习，害怕自己知识和技能的不足。

5. 抽离、若有所思

担心因为别人对自己生活的参与会导致自己的注意力分散而选择长时间

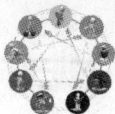

独处，并长时间把精力放在某个深刻问题的思索上。

6. 挑衅他人

害怕自己曾经创造的个人空间被人侵占，害怕自己的秘密再次被人偷走，于是，他们会主动将人赶走；对于别人的信念，他们会想办法打击，而对于自己的信念，他们却很含糊；对于走在自己思维前面的人，他们又表现得不屑一顾。

7. 行为古怪

内心恐惧，没有归属感，为了寻找一份安全感，他们会选择继续独立，不允许别人进入自己的空间。

8. 迷迷糊糊

觉得无助，消极待世，拒绝别人的援手，经常做噩梦及被失眠所困，不能停止或放缓高速的思维活动。

9. 彻底自我否定

不能从痛苦中脱离，变得逃避现实，有时会患上精神分裂症甚至自杀。

慧眼识人

　　对于那些五号性格者而言，了解这一类型的人的心理层次，就能帮助他们认识到自己的心理，看到自己的行为动机，并做到自我监督，以防止自己出现极端的心理和行为。

五号性格者的内心真实需求

　　对于五号观察者而言，他们的欲望特质就是追求知识。他们认为，一旦自己没有知识，就没有人爱他。另外，我们发现，五号之所以会远离尘世而

专注于思维活动，主要原因还是因为他们缺乏安全感。在他们看来，这个世界充满了太多未曾认识的东西，而他们自我保护很大程度上依赖于将要发生的一切。但同时，内心对人际安全感的缺乏又让他们宁愿独处而不愿意求助于他人，所以，他们便把所有的精神寄托放到了对某项知识的探究中。

那么，五号观察者的性格是怎样形成呢？对此，我们要追根溯源去了解他们的童年时代，最大的可能还是因为儿时他们没有从父母或长辈处得到稳定的感情，他们希望自己能和其他孩子一样被父母抱，被父母呵护，但令他们失望的是，他们并没有得到。久而久之，他们便不抱希望了，他们开始产生恐惧心理，为了获得这份安全感，他们便开始把注意力放到对事和物的研究上，而不愿意参与与人接触的生活。

接下来，他们的表现也就不足为其奇了：遇到问题，他们就喜欢问自己为什么，对于自己不明白的问题，他们会选择看书、搜集资料的方式来获得答案。逐渐地，他们能从这种获取知识的过程中得到快感，一旦找到了答案，他们内心的孤独感就得到了暂时的缓解。我们来听听下面这位观察者的自我描述：

"我是个被保姆带大的孩子，在我的印象里，我的母亲就没有抱过我，她是个医生，每年都有做不完的手术。她肯定亲过那些生病的孩子，有时候我在想，我生病了，她会不会亲亲我。后来，等我长大了一些，我经常自己走去她的医院，不过母亲依然没有时间理会我，我只得经常和护士们一起去食堂吃饭。没事的时候，我会拿母亲办公室的骨架玩玩，后来，我居然对这些可怕的东西产生了兴趣。于是，我开始翻看妈妈的那些医书，说来也奇怪，我居然慢慢看懂了。我发现，人真是奇怪的东西，后来，我无意中发现比人的身体更有诱惑力的是人的思想和智慧。再后来，在报考专业的时候，我毅然地选择了心理学，而现在，我已经是一名心理专家了，只不过我更倾向于写心理学著作而不是与患者们交流。面对现在小有成就的我，母亲终于愿意跟我平等对话了。但事实上，我已经爱上了这一项富有魅力的思考活动。"

从主人公的描述中，我们大致能看出他性格形成的原因——缺乏安全感，进而通过一些思维活动来弥补内心的孤独感。

曾经有位五号性格者告诉自己的老师，他很喜欢研究宇宙运行的规律和

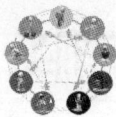

人类的行为规律，而当他觉得自己接近最终答案时，内心的孤寂感就得到了稍许的缓解。为此，他们会对知识表现出强烈的探求欲，希望能够洞悉世间所有，不至于在遇到问题的时候束手无策。

我们可以推断出，对于五号观察者而言，他们内心的需求是获取安全感，只不过他们对安全感的定义与其他性格者不同，有独立的空间和对知识的渴求就能让他们获得安全感。他们宁愿把自己封闭起来，然后开始自己对知识的探索，表面上看，他们好像已经超脱于尘世之外，生活在不同于常人的世界中。其实，这只不过是他们回避现实的一种方式而已。因为在他们看来，外在世界实在有太多未定的因素，不知何时别人就会侵入自己的私密空间。相比暴露于尘世，自我封闭、积累知识才是更为安全的方法。

慧眼识人

五号观察者就是这样理性、冷漠的人，所以他们会被人孤立。在外人看来，他们是冷血的；另一方面，五号更重视思考而忽视了行动。同时，"思维上的巨人，行动上的矮子"会让五号失去很多机会。再者，就是内心承受能力上，如果五号在某一方面做得不精，他们就会变得自卑，甚至哀叹自己怀才不遇。

因此，五号应该学会参与生命，感受到生命的快乐，才能让自己真正获得安全感。

五号性格者的语言密码

在日常生活中，我们在判断一个人的性格类型时，完全可以通过他的行为、语言、神态等方面识别。对于五号观察者而言，他们最明显的心理特征是善思、

理性。他们可以避开外在世界，不喜欢与人沟通，而当他们不得不与人交谈时，他们也会表现得十分谨慎。因此，如果你的朋友经常使用以下词汇："我想"、"我认为"、"我的分析是"、"我的意见是"、"我的立场是"，那么，他很可能是个五号性格的人。接下来，如果你还想问他的意见："你的感受呢？"他会回答："我的分析是……我的意见是……"你肯定想，天哪，哪里是感受，分明是思考出来的，于是，你放弃了。让五号谈感受，简直能累死人。对于五号性格者的语言密码，我们不妨先来看下面一个案例：

张先生是一名大学老师，参加工作已经有二十多年了，但至今为止，除了上课以外，他很少与学生、同事沟通，谁也不知道他一天在忙什么，对于学校的会议，他能不参加就尽量不参加。就连学校领导都说他是个怪人，每年毕业生离开前的告别会，他也不现身。

其实，张先生最大的爱好就是研究历史文物，大部分时间，他不是在看古书，就是在博物馆。

一天，当他正要出门时，一个身材瘦小的男生敲开了他家的门。其实，他是很讨厌学生来找他的，但他记得，这个男生学习成绩很优异，在一次课堂讨论上，他曾提出了关于中国文物保护的一些特别的意见，这让他对这个男生充满了好感。"算了，看看他有什么事吧。"张先生这样告诉自己。

他还是礼节性地将这个学生请进了门。原来事情是这样的：这个男生准备考研，报考的学校在该专业很有影响力，但却远在北京。他有一个交往了四年的女朋友，这个女孩却始终坚持要在现在的城市扎根，因为他们彼此的父母都在这里。女孩的意见是，如果他去北京求学，那么，两人只能分手。为此，男孩很苦恼，不知如何是好。他很敬佩张先生，他觉得张先生是个世外高人。

听完他的叙述，张先生的回答是："据我的分析，你还是去读书吧。"

"啊，没想到老师这么回答，我原以为他能帮我找到解决问题的办法，原来，他真是大家所说的冷血动物，怪不得到现在也没结婚。"当然，这些都是男孩心里所想，并没有直接说出来。想过之后，他继续问："可是，我们恋爱四年了，我很舍不得这段感情。"

"依我的意见，断了吧，没什么留恋的。"张先生继续说。

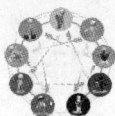

"算了，今天真是不该来，找一个如此理智的人询问意见，简直是给自己添堵。"男孩心里这样想。接下来，他说："张教授，我看您挺忙的，不打扰您了。我先走了。"说完，男孩便告辞了。

这则故事中的张先生就是一个五号性格的人，从他与学生的对话中我们便能看出来。当然，对于他的回答，他的学生并不满意，原本有困惑的他更加心情不悦了。的确，对于五号性格的人来说，他们是理智的、冷静的，对于别人的遭遇总是表现出一副事不关己的样子，于是，他们会把"我的意见是……""据我的分析……"这样的词汇挂在嘴边。

那么，除此之外，五号性格者在语言表达上还有什么特色呢？

1. 先思考再表达

他们的常用语都是经过大脑再说出来的，就像故事中的张先生所说的这些话，其实他们担心的是因为说错话而被人看出自己在知识上的不足。

2. 吝啬，不会倾其所有地传授经验和知识

这一点，在逆境中的五号身上表现得尤为明显。虽然他们是最有知识的，但他们却不是最好的老师，他们喜欢留一手，不会把知识全部教给学生。他们觉得一旦把自己知道的东西都教给别人了，别人就会抢他们的饭碗。因此，他们的人际关系一般都不怎么好。

3. 好评判世界

他们总是扮演着生命的旁观者的角色。在谈论他人的时候，他们总是表现得特别冷静。当然，他们更喜欢躲在家里评判，他们在家里想的东西跟现实是脱离的，而他们恰恰把这种脱离世界的评判当做现实。

慧眼识人

以上三点总结出了五号性格者的语言密码。总之，在语言表达上，五号给人的感觉就是理智的，不掺杂感情的，他们不想让其他人看清自己的内心世界。然而，活在自己世界里的他们与现实世界是脱离的，这也是他们应该认识和改变的。

五号性格者处理情感生活的方法

在日常生活中，我们很容易在人群中发现观察者，即使在公共场所，他们也会找一个安静的角落，专心做着自己想做的事。当思想从情感中分离出来时，他们就成了旁观者，哪怕在众目睽睽之下，他们也可以让自己的内心远离。的确，五号性格者就是这样的另类，他们永远只让自己住在自己建造的城堡中，在城堡的上方，他们只为自己开一扇小小的窗，以便能看到周围的世界，而他们是不允许别人参与城堡生活的，即使连自己最亲近的人，他们也会设置一道屏障，不让对方涉足。因此，我们可以说，五号观察者在处理情感上的方式是：用抽离方式处理，仿佛是旁观者，100％用脑做人，不喜欢群体作业，对规则不耐烦。接下来，我们依然从两个方面进行分析。

1. 在婚姻爱情上

五号对待爱人的方式是特别的：

在择偶上，他们想要找的是无论外貌还是内涵都出众的，对于男性五号而言，他们很想找一个美女，但如果这个美女没有什么内涵的话，他们就会打退堂鼓了。

另外，在外人看来，五号是冷漠的，是不适合结婚的，但实际上，五号是个很讲究实际的人。如果你生病了，他们会找来一堆医书为你找到最佳的治疗方法。当然，他们只会研究，而不会替你买药、熬药等。

在与爱人相处的过程中，他们也与其他类型的人处理的方式不一样，二号可能会对爱人进行无微不至的照顾，三号可能会毫无隐晦地表达自己的爱。但对于五号，一方面需要五号自身有意识地进行自我调整，另一方面，他们也需要爱人的一份理解和宽容。在他们看来，一个人最重要的是时间，他们是愿意与你分享他们的时间的。

在对爱的表达上，其他性格类型的人可能会做出一些浪漫的、能表达自己情感的、能让对方感受到自己的爱的事情来，但五号却是极为理智的，他

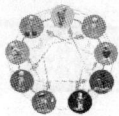

们不善表达。他们认为，与爱人分享自己的时间，与对方待在一起就是最好的表达。

在五号看来，最为宝贵的莫过于时间，时间能让自己获取知识、分析事物，但我却和你待在一起，这就是爱。因此，对于不了解五号的人来说，并不能读懂他们的爱。事实上，五号自己也没有认识到的是，只是与爱人待在一起，但却不曾多说一句话，不与自己聊天，不关注自己内心情感的人又怎能是爱自己的呢？

所以，五号要想让别人接收到自己的爱，就需要调整自己爱的表达方式，将自己对对方的情感试着用其他更容易被接收到和感知到的方式表达出来。

对此，我们来看下面一个故事：

刘女士对邱先生非常好，在恋爱的时候，刘女士尽管每天也需要上班，但她坚持每天中午为邱先生送饭。不过，刘女士自己心里明白，她是看上了邱先生是个潜力股，并且，他人很老实。但结婚后，很快就出现问题了。

一天，刘女士在单位因为一件小事被领导批评了，心情很不好。回家后，她看到老公坐在客厅里悠闲地看书，便故意说："老公，我头疼。"

邱先生缓缓地抬起头，眼神还没有离开书本，然后不紧不慢地说："前面疼还是后面疼？"

刘女士一听，情绪就来了，敷衍道："前面疼，前面疼。"

傻傻的邱先生却认真起来了："前左还是前右？"他根据自己曾经了解的医学知识，判断出妻子的病症，然后对妻子说："你去卧室左边的床头柜里拿出一瓶黄色药片，然后吃两片，两个小时后再来找我。"

刘女士一听，气坏了，什么都没说，摔门出去，怎么有这样的男人，太极品了。

其实，我们都知道，故事中的刘女士并不是真的生病了，而是因为在单位被批评而心情不好，希望自己的丈夫能对自己安慰一番。但实际上，她怎么能奢求五号性格的丈夫这样做呢？对于邱先生来说，他可能更感觉无辜。他不懂表达，也许他的妻子也并不是第一次向他谎称自己生病了，可能他曾经看过很多医书，这样一旦她生病，他就可以帮她。他爱妻子的方式就是这

样特别，只是他根本不知道自己妻子到底要的是什么。

2. 在人际关系上

在与人打交道上，五号基本采取的是逃避的方式，他们远离人群，分离思想和情感。大多数时候，他们是喜欢自己一个人独处的。在我们看来，他们是孤独的，但实际上，他们是享受这种独处的环境的。"子非鱼，焉知鱼之乐？"五号可能就是这样来反驳世人不解的目光的，他们情愿关起门享受隐私带来的快乐和安全感。

慧眼
识人

> 五号是感情的旁观者，是100%用脑做人的，是不懂感情的。作为五号自身，应该学会发现他人的需求，并适当调整自己，调整自己表达爱的方式。而作为五号身边的人，也应该学会理解五号性格者，只有这样，才能和谐相处！

五号性格者的职场表现

不知你是否留意过，在你工作的办公室内，有这样一个或者几个人，他们似乎从来不主动找你说话，他们也不与同事们讨论工作问题，他们坐在办公室的角落里，办公桌上摆满了奇奇怪怪的各种书籍……这样的人就是五号观察者。职场中，他们总是显得那么格格不入。那么，五号性格者在职场中都有什么表现呢？对此，我们也从以下两个方面来分析。

首先，五号性格者作为员工。

五号喜欢自由的、不受人约束的工作环境，对于他们来说，足够的思考时间和空间尤为重要。我们发现，大学和研究机构，有很多五号这样的员工，而对于营销类等需要与人打交道的工作，五号是不擅长的。

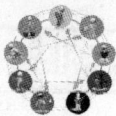

在工作单位，五号是对专业知识研究得最为透彻的人，但他们的执行能力却很差。有时候，上司交代的任务，他们过了很多天才不情不愿地去完成。

无论是工作还是平时的行为动作，他们总是不急不慢的，也许办公室失了火，他们还会捧着手头的书，然后最后一个离开。

不难想象，任何一个用人单位，如果五号员工居多，那么整个单位必然是死气沉沉的，他们"各自为政"，很少有语言上的沟通。对于其他性格的人来说，在这样的环境下工作是压抑的。我们来看下面一位职场人士的表述：

"当初在纠结要不要来这家研究院工作时，有同学告诉我，在研究院工作的人基本是木讷的，不爱说话，这样你便可以搞自己的研究，于是，我听了他们的建议。然而，真的来到了工作单位却发现，实在太枯燥了，我虽然是搞研究的，但我是个外向开朗的人，偏偏办公室所有的同事都是闷葫芦。上班时间，大家都在自己的小格子里忙，好不容易到下班时间了，他们连声'再见'都不说就走了，真是很令人沮丧。另外，听说以前单位还会组织一些活动，但员工们都不积极参加，后来连少有的活动都没有了。想想今后几十年时间让我在这样的环境下工作，实在恐怖啊。"

从这位职场人士的表述中，我们大致可以看出五号性格者在职场中的一些行为特征：冷漠、无趣，各自为政。

其次，五号性格者作为领导。

五号观察者如果是我们的上司，那么，我们只会有一个感觉，那就是其冷漠，难以接近，没有人情味。

五号上司喜欢遥控自己的下属，如果他能给你发邮件解决问题，就决不会给你打电话；如果能给你打电话解决问题，就决不会与你面谈。因此，即使面对一墙之隔的下属，他们还是常常选择写邮件的方式交代工作问题。

他们很客观，在工作上从来不会感情用事，他们喜欢用数据分析问题，这样，当一切论断有了依据后，他们会觉得十分安心。诚然，对于领导者而言，理智的分析是高成功率的一个必需因素，但如果你是一名五号上司，需要明白的是，你自己和其他人的感受也是同样重要的，如本能地感受到什么是最重要的、企业必须要朝什么方向发展等。

五号上司对于企业的运作有很大兴趣，并且，喜欢掌握产品、服务和财务等方面的信息。因此，即使他们平时不发表意见，但对公司的情况是了如指掌的。

慧眼
识人

职场上的五号观察者是冷漠的、理智的，他们喜欢通过数据分析来进行日常工作，他们绝不感情用事，让人难以接近。工作中，他们的判断一般是准确的。但如果身为管理者，他们就缺少了点人性化的因素，会遭遇一些职场问题。身处职场，如果我们工作的周围也有五号性格者，那么，了解他们的心理及表现，能帮助我们成功找到应对的策略。

与五号性格者和谐亲密相处之道

在九型人格中，五号观察者是性格孤僻的一类，他们认为，要获得知识，就必须跟别人隔离开来。他们不善于跟人交往，也不善于分享感情。他们住在自己的城堡里，从城堡的缝隙中观察周围的世界，却从不走出自己的城堡，也不让他人走进自己的城堡，他们觉得与人保持一定的距离是保护自己的措施。在与五号这种自我封闭性比较高的人交往时，需要讲究一定的技巧。具体说来，我们可以从以下几个方面入手。

1. 表现出亲切的善意，以减轻他们的紧张、焦虑

五号观察者之所以会避免与周围的人产生关系，是因为他们觉得人际关系是不可靠的，为此，在社交生活中，他们多半会表现出紧张和焦虑。假如我们能表现出亲切的善意，那么，是能减轻他们的这种紧张感的。因为人际交往关键在于真诚。坦诚相待、真心相交，辅之以必要的技巧，再封闭的心

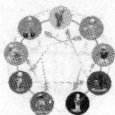

门也会敞开。

2. 与之保持一定的距离、尊重他们的界线

五号是不会与某个人保持很亲密的关系的，即使是自己的好朋友，他们也很少会邀请对方进入自己的房间。如果我们与之交往，那么，我们要识趣，没有得到他们的同意，就不要干涉他们的工作与生活。尊重他们的界线，自然会拉近彼此的距离。

3. 给他们一定的时间和空间思考问题

在五号看来，时间和空间是珍贵的。如果你是他们的上司，交给他们一件工作，那么，你千万不要催促他们，给他们足够的时间是保证任务完成的前提。因为他们做任何一件事，都需要寻找很多的资料，以确保自己的方式是万无一失的，而时间不充裕，就会使他们感到恐慌。

如果他们做得不好，你可以事后让他们做一个总结，最重要的是让他们明白：想过不等于做过，只有通过行动和努力方能有结果。

4. 看到他们身上的优点，给他们发挥的机会

五号又被称为智慧者，他们的大脑就是个知识储备库，掌握了大量的知识。他们之所以对知识有如此强烈的渴望，是为了获得一份安全感。因此，假如我们能认同他们是有知识的，并给他们发挥的机会，是会拉近彼此之间的距离的。我们来看下面这位上司是怎么与五号性格的下属打交道的。

"小严是个闷葫芦，我当初之所以招他进公司，是看重他是个高学历的人，另外，我看过他的成绩单，每门功课都是优秀。可是，我不知道为什么他这么闷，刚来的时候，他自己挑了个拐角的位子坐下了，然后基本上就不和同事们说话了。就连平时工作上遇到的问题，他也会用发邮件的方式汇报。后来，我听说这样的人属于五号性格，便也由着他去，也不打扰他，只要他能完成好工作就行。

事实上，他是个能力很强的下属，其他员工的工作报告都没有他的细致。后来，我想，何不让他发挥一下自己的优势呢？也许能帮他打开心扉。上次的表彰大会，我便让他发言了，他也答应了，就在大会上，他将每个员

工的优缺点和需要改进的地方都一一列举出来了，大会结束，大家给了他热烈的掌声。我发现，自打这件事之后，他好像愿意与人说话了，看来我的决定是没错的。"

这是一位明智的上司，对于闷葫芦型的五号下属，他采取的是给他足够的时间和空间，让他自己完成工作的管理方式。另外，他让下属发言的做法也很好地利用了五号的优势。的确，虽然五号平时跟同事完全没有接触，但他有非凡的判断力，能将同事的优点和缺点有理有据地总结出来，且非常客观。

5. 尽量不要与他们产生身体上的接触

即使与人交谈，他们也是双手交叉于胸前的，不喜欢他人拍自己的肩膀、挽着自己的手。因此，如果你认为通过身体接触可以加深与他们的关系，那么，你就错了。

6. 主动沟通

与他们沟通，你一定得主动，你不要指望他们会主动找你说话。

举个很简单的例子：这天，上班前，你遇到了他，然后你对他说："明天中午我们一起吃饭吧。"他会简单说："好。"但是到了中午，如果你不再次跟他说吃饭的事，那么，他一定以为你在开玩笑，他也是不会去的，而如果你向他确认了，他肯定会去。

另外，我们还需要注意的是，不要试图去猜测或者询问他们在想什么，你根本猜不到他们的思想有多高深。

慧眼
识人

我们若想与冷漠的五号观察者和谐、亲密相处，就不要和他们走得太近，而应该尊重他们对空间和时间的需求，尊重他们追求知识的欲望。但同时，我们还要提醒人际关系对于他们的重要性，帮助他们走出自己建造的小城堡！

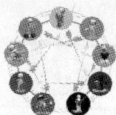

五号性格者的闪光点

与其他性格类型的人相比，五号是理智的、冷漠的、孤僻的，他们宁愿活在自己建造的城堡里享受着孤独，也不愿参与到外面的世界中来。因此，有人说，五号观察者应该是九型人格中最没有能量和闪光点的人了，实则不然，他们最大的闪光点就在于理智、冷静。当然，关于他们的闪光点这一问题，我们也需要从几个方面分析。我们不妨先来看下面一个故事：

"我嫁给他已经十年了，我太清楚他的性格了，他所有的时间不是在研究所工作就是在家看书，家里的家务活他从来都不干，即使我生病了，他也不会主动为我做一顿饭。曾经，我对母亲说我想离婚了，因为跟他在一起，我感受不到一点温暖。母亲劝道，都有孩子了，就将就着过吧。不过最近发生了一件事，让我彻底改变了对他的看法，如果没有他，我肯定都离开人世了。

那天，天气很冷，我觉得应该炖点汤给他补补。一个人做饭实在太无聊了，我把汤放在煤气灶上，心想睡一会再来看着汤，就这样，我去卧室躺了会儿，可谁知道，过了不到一会，我就感觉家里有股怪怪的气味。我起来一看，厨房着火了，我当时吓傻了，而他，似乎也发现了这点，他从书房走出来，此时我已经在用水灭火了，但似乎不管用，火势越来越大，他赶紧抓起门口挂着的大衣，过了会儿，他从卫生间出来，把淋湿了的大衣盖在火上，很快，火灭了。我吸了口气，心想，他肯定要骂我，但谁想到，从来不爱说话的他居然安慰我：'人没事就好，下次困了喊我看着汤，多危险啊。'那一刻，我被感动了。

事后，我问他：'你怎么知道那样做可以灭火？'

'你以为我这些书是白看的啊？厨房着火不能直接用水灭，这是常识嘛。'我看到了他眼里的几分得意。不过，他真的比我冷静、理智，这一点我是佩服他的。"

从以上这位女士的叙述中，我们看到了五号观察者的优点——冷静、理智。在遇到突发事件时，他们往往能很快定下心来，并找到最佳的解决方法。

当然，五号观察者还有很多闪光点需要我们发现。

1. 做事专注，不易受外界影响

无论从事什么工作，只要他们感兴趣，就会全身心投入，周围的人和事很难影响到他们。

2. 他们的爱情很实在

五号不会说甜言蜜语，也不会做讨好异性的事，这是因为他们不善表达，但这并不意味着他们不爱他人。他们是单纯的，如果你说生病了，他们会找来各种帮你治病的方法，尽管你可能是在骗他，希望他说一句好听的话。

3. 他们很少关心物质享受

他们深居简出，也很少关心爱人怎样花自己的钱，只要爱人能给他们时间和空间。因此，在他们看来，金钱的唯一好处就是能够让自己不受干扰，能够享受私密生活，能够让自己有更多时间去学习和追求他们感兴趣的东西。

4. 很少陷入极端的感情

对于他们来说，无论是爱情还是友情，他们都保持着理智的态度。因此，在两性关系中，他们仅需要很少的接触，就能把关系维持下去。五号十分重视朋友之间的礼仪，如果是聪明的朋友，他们就不应该期待五号当着他们的面流露真情，或者在双方关系中表现得主动，他们应该把五号当做身边的观察者和建议者。

5. 自己需要空间和时间，也给足别人空间和时间

他们和其他性格类型的人的不同之处是，无论多么喜欢他人，他们都不会胡乱地付出，而是给足对方足够的时间和空间，因为在他们看来，这两者对于一个人来说是最重要的。

而如果他们是老板或管理者，他们的这种高明的管理方式会让员工很自在。

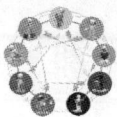

慧眼
识人

在外人看来，五号观察者就像苦行僧一样，他们不需要爱，没有任何需求。但事实上，他们是有着丰富的内在生活的，并且深受他人影响，他们对外在世界也是敏感的，他们渴望获得安全感，这也就是为什么我们看到的五号对感情从来都是忠贞的。另外，我们没有看到的是，他们的理智会让他们免除很多感情的困扰，他们的冷静会让他们专注于工作，所以，我们看到的五号多半都能取得他人无法取得的成就。

五号性格者如何调节心理

前面，我们已经分析过，五号观察者性格形成的原因多半和他们的经历有关，渴望得到爱而没有获得爱，或者从小与周围的人缺乏接触，让他们开始把精力放到知识的获取上，而不愿意关注周围的人和事。"我们住在一个农场里，而我是我妈的主要社交联络对象，我义务聆听她冗长的谈话以取悦她。"一名现在已成为心理医生的五号这样说过。久而久之，他们宁愿自己一个人生活，宁愿从自己的生活中寻找乐趣。而当他们变得孤立、无法接触时，他们喜欢的私密变成了孤独。当内心对接触的渴望被唤醒后，他们会发现自己很难和他人接近，他们常常会站在那里，看着自己的生命一点点流逝。因此，每一个五号性格者，都应该即时审视自己的心理、思想和行为，并学会调节自己的心理，找到人生的真正乐趣。我们先来看下面一个五号遇到的苦恼：

林先生最近遇到了一个问题，博学的他在书中也找不到答案，无奈，他只好来求助于心理医生。

"我的妻子要和我离婚，我们结婚五年了，我不知道我做错了什么，她看起来很决绝。"他很痛苦的样子。

"你爱他吗？"医生问。

"当然，我很爱她，她个非常出色的女人，很美，同时，她也很有智慧，不然她也不会选择和我结婚，你说对吧？"说这句话的时候，他很得意，医生也笑了笑。接着，他又说："可是我不知道怎么表达爱，我把我所有的工资都交给她，让她买喜欢的东西。难道这样还不够吗？"

"那你陪她逛过街吗？"

"没有。"

"你给她买过玫瑰花吗？"

"没有。"

"你对她说过我爱你吗？"

"没有。"

"那她怎么会知道你爱她呢？"

"这……"

"这样吧，你先来做个性格测试，看看我的推断是不是对的。"

过了一会，心理医生看了看结果，果然，林先生是个典型的五号性格者。接下来，他对林先生说："没错，你是个五号性格的人，关于这个性格问题，我相信，你回去研究研究九型人格应该就能明白。不过，我建议的是，你在回去的路上，最好买一束玫瑰花，路过首饰店的时候，买一枚特别的戒指或者一条项链，回家后，记得深情地对你的妻子说句'我爱你'。我相信，这样会有效果的。另外，放弃'买玫瑰还不如买一袋馒头'的古怪思想，女人是浪漫的，想留住她们，就要用点心思。"

"好吧，看起来您说得很有道理。"

可能生活中，很多五号性格的人都和故事中的林先生一样，明明深爱着自己的爱人，但却不知道如何表达。因为在他们看来，爱一个人只要给足对方时间和空间就可以。然而，什么都不做的行为是无法让爱人感受到爱的存在的。任何一个五号观察者，最好都要学会放弃太过务实的爱情思想，只有表达爱才能留住爱。

当然，在这一点上，五号性格者需要自我调节外，还需要记住以下几条建议。

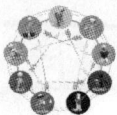

1. 尝试跟着感觉走

你可能已经习惯了躲在角落里细细地看待周围的一切，但容易使你的理解变得越来越扭曲。因此，不妨尝试着改变一下：少做分析，尝试着让大脑跟着直觉走，你会发现，不经过怪诞的分析，你的论断会变得如此大快人心。

2. 放松你的神经，参与生命

一旦你离开独处的环境，就会变得神经紧张，甚至偶尔你已经离开人群很长时间，心情却很难平复下来。对此，你千万不要借助酒精或者药物，而应该通过自我暗示和调节来疏通自己的神经。另外，运动、舞蹈、唱歌而不是一味地看书也会让你的性格变得更丰满。

3. 尝试着相信别人，获得安全感

五号观察者很害怕与周围的人发生冲突，因此，即使是自己最好的朋友，他们也会刻意地保持距离。走出自己的世界，尝试着相信别人，那么，即使与人产生了冲突，也是磨炼你解决人际问题的一种方法。

4. 从自身找问题

人际交往中，如果你发现周围的人好像避开你，甚至是讨厌你，那么，你不要总是认为是别人的问题，不妨从自身找找问题。

5. 关心别人，理解他人

你是个理解力很强的人，不妨把这一优势发挥到人际交往而不只是探究知识中。关心别人，理解他人，他人便会感受到你的同情心和温暖，你的棱角也就逐渐被软化了。

慧眼识人

不得不承认的一点是，一些五号性格的人在人际交往中是让人感到不舒服的。他们的冷漠、孤傲，还有对他人知识和能力的鄙视都是造成这一问题的原因。因此，作为五号性格者，如果你能认同别人，而不是站在远远的地方分析他们，那你会变得更容易信任别人、更放松、更快乐。记着，不要只用你的脑子，多用点心，才能让你变得更圆满。

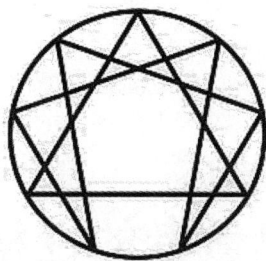

第8章
六号忠诚者——
敏锐谨慎心理的探秘与解析

　　九型人格中，六号性格最大的特点是忠诚，疑心重，容易质疑。他们有责任心、忠诚、可靠，但同时，内心安全感极度的缺乏让他们产生了很强的依赖性，当有朋友或有团队支援他们时，他们就会很自信。一旦与人有了深入的往来，六号就会对对方永远忠诚及守承诺。因此，与六号性格的人打交道，我们首先要做的就是一定要给他们安全感，赢得他们的信任！

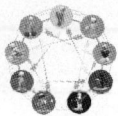

六号忠诚者的性格特征

九型人格中，第六型人格又被称为忠诚者，顾名思义，也就是他们的性格特征中，最明显的就是忠诚。那么，六号为什么会有这样的性格特征呢？因为他们想要获取安全感。不难得出，六号的基本恐惧是：得不到支援及引导，单凭动力没法生存；基本欲望是得到支援及安全感。因此，他们经常在内心对自己说：如果我能够达到他人对我的期望就好了。另外，他们还认同及服从权威，有责任感。面对异己者时，他们容易陷入强忍或攻击的矛盾中，为此，他们常常表现得优柔寡断、行为谨慎。

接下来，我们又会产生疑问，为什么六号面对异己者会有两种完全不同的态度呢？原因很简单，在九型人格中，六号是唯一一个代表两种性格的号码：一种叫P6（Phobic 6），即正6，也称惶恐6；一种叫CP6（Counter Phobic 6），即反6，也称先发制人6。P6什么都怕，无论是逍遥得意还是人生低谷，他们都害怕，没钱时怕穷，有钱了又怕破产；晴天怕紫外线，阴天又怕风湿；没结婚想结婚，结婚了又担心会离婚等。而反过来，CP6则是完全对抗的，他们越是怕什么，就越是挑战，并且他们总会先发制人，怕什么就做什么；怕你骂他，他先骂你；怕你打他，他先打你；怕狗咬就开养狗场；怕水就去学游泳……

一般情况下，六号性格的人是复杂的，在人前和人后，他们会有完全不同的表现。生活中，那些在外面要风得风、要雨得雨的男人回到家见到老婆却像老鼠见了猫一样，这样的男人就是典型的六号；反过来，也有一些男人在外面表现得十分绅士儒雅，回家却对老婆经常拳打脚踢，这样的男人也是六号。当然，一般没有单一性格的六号，都是这两种六号整合在一起的。

其实，无论是惶恐型的六号还是先发制人型的六号，他们所表现出来的行为

特征都是他们内心活动的显现：渴望获得安全感。他们最害怕的就是被人抛弃、没人支援。对于六号的心理特征，我们不妨从以下这位先生的叙述中进行了解：

"小时候，爸妈就离婚了，因此，我很想早早地结婚，我想有个家，我会照顾好我的老婆和孩子。如我所愿，毕业后，我努力工作，很快买了房，娶了个漂亮的妻子。与她相处，我很害怕因为自己做错事而导致她离开我，这让我经常陷入痛苦中。

其实，我的生活过得不错，后来，我还买了几处房产，也买了保险。我看到身边的人买这买那，经常出去旅游，但我就是不知道钱该怎么花。其实，我一直很想买一辆新车，但我又担心人家盯上我，算了，还是开以前的那辆旧车吧。

另外，在工作上，我觉得自己还是适合给人打工。上个月，中华区的总裁举荐我去东南亚的一家公司当总裁，年薪百万，可是我害怕，万一做不好怎么办？他们会开除我，而现在年薪30万元的工作，我觉得我才能胜任。"

的确，六号就是这样极度缺乏安全感，甚至有点患得患失。他们认为，靠自己的一己之力是无法生存的，他们最怕得不到别人的支援和引导，对于那些需要独自完成、富有挑战性的工作，他们是无法完成的。

那么，他们忠诚的性格是怎么形成的呢？对于六号而言，他们比较认同父亲这样形象高大或者有权威的人，他们觉得获得权威人士的认同、赞美和庇佑，就有了安全感，所以他们会对权威人士忠心耿耿。另一种可能性是，他们童年受到过欺骗或者惊吓。

慧眼识人

六号忠诚者的性格可以总结为：

忠诚、值得信赖、勤奋；内向、保守、关注事情的内在危险；常质疑当下的人和事，但同时又希望得到别人的肯定和欣赏；经常犹豫不决，对事情通常想得太认真，很在意配偶及伙伴的想法；有时候相信权威，有时候又质疑权威；对人提防，害怕被人利用，与人常保持一定的距离；常问自己是否有做错事，因为害怕错误而被责备。

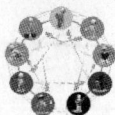

六号性格的身体语言

我们都知道，忠诚者的性格不是单一的，惶恐六和先发制人六在行为特征上的表现是完全不一样的：前者对于什么都担心、惶恐；而后者则是对抗的，对于什么都采取先发制人的策略。因此，我们不难推断出，他们的身体语言也是完全不同的。对此，我们不妨先来看下面一个故事：

小王和小李最近参加了九型人格的培训课程，通过这次课程，认识了一个新朋友吉米。原来吉米和他们一直同一座大楼上班，只是一直从未照过面。他们三个人年纪相仿，很快便成了好朋友。二十八岁的吉米已经结婚了，这让小王和小李都很羡慕，从吉米的手机上，他们还看到了吉米妻子的照片——一个十分时尚、美丽的女人，他们感叹吉米真是有福气。

这天，下课后，小王对吉米说："一会去喝一杯？"小李也附和道："反正是周末，嫂子不会不同意吧？"

"当然不会，我们家我做主，她哪儿敢说半个'不'字！"小王注意到，吉米在说这句话的时候，突然把眼神转走了，双肩不自然地朝后拉了一下。小王明白，通过测试，吉米是个六号性格的人，那么，根据刚才他的肢体语言，他肯定是在撒谎。

于是，善解人意的小王故意说："要不这样吧，你给嫂子打个电话，好歹通知她一下，不然她会担心的。"

吉米找到了台阶，便赶紧说："你说的也是，那我去旁边打个电话，你们等我一下。"吉米便走开了。

小王将自己心里所想的告诉了小李，然后说："不信咱们去偷听一下，他肯定是个怕老婆的人。"

果不其然，他们听到了吉米的电话内容："老婆大人，朋友们喊我，我不去不大好啊。你放心，我晚上八点之前就回去，周末该洗的衣服我全包了，地板晚上我回去拖，你就答应吧？"两人听到后，笑得前俯后仰。

故事中的小王是怎么判断出吉米是个怕老婆的人的呢？他观察出吉米在

说大话时候的动作和神态——六号忠诚者的性格都不是单一的，人前是大男人，回家后多半是怕老婆的。而吉米在说话时候，还刻意地挺了挺胸膛，更加证明了这点。

关于六号性格者的身体语言，我们应分为以下两个方面进行分析。

1. 关于惶恐6（P6）

身体语言：肌肉拉紧，双肩向前弯，面部表情慌张，避免眼神接触。

P6是顺从的，因此，与人交往时，他们的肌肉会拉紧，双肩向前倾，他们不愿意跟人有语言交流。一般你若看着他们的眼睛，那么，过不了几秒，他们就会把眼神主动转移到天花板上或者路边的花花草草上。

2. 关于先发制人6（CP6）

CP6是反6。他们的肌肉也是拉紧的，但为了掩饰内心的恐惧和不安，他们会有完全不同于P6的身体语言。他们会刻意挺起胸膛，然后瞪大眼睛，他们要传达的信息是：我是厉害的，不要来惹我。所以不难想象的是，他们会从事两种完全不同的社会工作，要么是义正严明的警察，要么是欺压百姓的黑社会。

当然，正如我们前面所说过的，很少有完全单一性格的六号，他们的性格多半都是整合在一起的，这也是为什么故事中的小王能判断出吉米在家中的表现——怕老婆。为此，我们也可以推断，六号性格的人在人前人后的身体语言也可能呈现出完全相反的状态。

慧眼识人

与其他性格类型的人不同的是，六号忠诚者在身体语言上也会有完全不同的表现。P6肌肉拉紧，双肩向前弯，面部表情慌张，避免眼神接触；CP6会肌肉拉紧，刻意挺起胸膛，瞪起眼睛盯着人。了解他们的心理以及他们的典型动作，能帮助我们识别出周围人的性格特征，也能帮助我们成功与他们打交道。

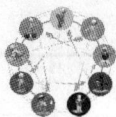

六号性格者的多层次心理描述

九型人格中，六号忠诚者是极其缺乏安全感的一种性格：他们害怕得不到他人的支持，他们渴望得到权威者的支持，但又怀疑权威者；他们经常陷入左右迟疑中，希望他人能给自己一点意见；他们行为处事很谨慎……当然，这些行为心理和行为特征并不是在所有六号性格者身上都表现得尤为明显，因为忠诚者六号也存在多层次心理。关于这一点，我们先来看下面一段对话：

有位女士，在参加九型人格培训中，遇到了一些问题——她对自己的性格到底是属于三号还是六号游移不定。为此，她找到了培训老师。

在她看来，六号性格的人是喜欢为人打工的，而自己却是一个老板，经过三年的创业，她已经是一位知名的女企业家。

"你对自己的性格类型很迟疑，对吗？"老师主动问她。

"是的，我觉得自己的性格更像三号。"她回答。

"你的理由是什么？"

"因为我算是个女强人吧。当初创业那么辛苦，我也熬过来了。"

"那你创业是为了什么？"

"为了让女儿有个好的物质环境，也就是挣钱吧，没想那么多。"

"事实上，三号实干型的人并不是单纯为了物质而努力工作，那么，你的基本欲望和基本恐惧符合六号吗？"

"符合的。"

老师观察了一下，这位女士的回答是毫不迟疑的。但稍微过了一会，她开始问老师："您觉得我是几号？是六号还是三号？"

六号就是这样，总是希望别人帮他做决定。老师没有回答，只是微笑。

过了会儿，她似乎明白了："嗯，我知道了，我是六号。谢谢老师。"

"恭喜你，你终于找到自己了。"

在生活中，也许有很多人和谈话中的这位女士一样，因为自己六号性格特点的不明显而找不到自己的性格号码归属，那么，对此，你不妨也和她一样问问自己几个问题——你的基本欲望和基本恐惧符合六号吗？符不符合其他几种类型？然后再综合考虑自己的行为表现，就能找到答案了。

其实，六号性格的人之所以有很多截然不同的表现，是取决于他们心理层次的不同。那么，六号性格者又有哪几个心理层次呢？

第一层：满怀勇气，找到安全感的来源

发现真正的安全感是来源于自己而不是依赖他人，有勇气根据自己内心的指引行走。

第二层：可信度高

为人负责、稳重、关心他人、值得信任，危机感很重，渴望寻求到支援。

第三层：重承诺，能良好地与人合作

工作努力、勤奋、追求人际交往中的双赢、关注细节、自律、生活节俭。

第四层：忠心耿耿

开始将自己的能量投身于他人和某个组织中，希望获得支援，安全感不足，在工作中需要获得明确的指引。

第五层：模棱两可、防卫性强

内心紧张，经常有坏情绪，但又害怕他人指出自己不追求理想而故意维持秩序井然的生活，守信用，遵守承诺。

第六层：出现挫败感而指责他人

内心恐惧失去朋友、同事的支持而指责他人，感觉自己被背叛，没有信心，有强烈的挫败感。

第七层：反应大而失去他人对自己的信任

对于小事的反应过大而让他人开始怀疑他们的责任感，开始不信任他们，他们也开始不信任自己，极易担惊受怕，经常有无助感，希望有人能拯救自己。

第八层：妄想、有攻击性

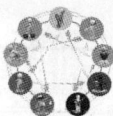

安全感消失殆尽，认为自己一无是处，不信任他人，常常没来由地攻击他们的假想敌或真的对手。

第九层：自我惩罚、自毁

憎恨自己做了错事，因为内疚而自我惩罚，毁坏当下所有的成果，甚至开始有自杀倾向，认为这样能引起他人对自己的注意。

慧眼识人

在以上六号忠诚者的九个心理层次描述中，很明显，层次越高，就表明他们的心理越呈现不健康状态。因此，任何一个六号性格者，都应该留意自己的心理状况，监督自己的行为，并努力让自己做到向更好的心理层次转换。

六号性格者的语言密码

我们都知道，六号忠诚者的特点是疑心重，容易质疑。他们缺乏安全感，渴望得到支援是其基本欲望。因此，当有朋友或有团队支援他们时，他们就会很自信，既信赖别人，也信赖自己。这一点，我们从他们日常的语言习惯中也能看出一二。如果你生活的周围经常有人说"慢着"、"等等"、"让我想一想"、"不知道"、"唔……"、"或许可以的"、"怎么办"，那么，他多半是六号性格者。他们为什么会有这样"迟疑"的常用词汇，因为他们不敢"肯定"，肯定是多么没有安全感！反过来，我们也可以从这些语言密码识别出一个人是否是六号性格。对此，我们不妨先来看下面一个案例：

小李在一家食品公司担任销售主管，他是这家公司的元老。记得刚开始

上班的时候，公司只有总经理、小李和三四个销售员。现在想起来，小李觉得那段日子真是辛苦，但跟着总经理这样的人打江山，小李一点儿也不怕。

如今，公司的规模与当年已经不能同日而语了，每年几千万的销售业绩、上千个员工，这些都是小李当初梦想的情景。可是，小李还是一名主管，虽然工资涨了一点，但每年公司都会招进来很多人才，面对即将被淘汰的局势，他似乎一点也不着急。他觉得，只要有总经理在就没事。

其实，总经理也曾经想过提拔小李为区域经理，只是他自己太不争气了。

一个周五的下午，总经理忙完了手头的事后，将小李叫到办公室，语重心长地对他说："小李啊，你跟着我也已经十年了，这十年来，你为公司付出了很多，辛苦你了。"

"王总，您看您说得哪儿的话，我在这家公司成长起来的，对它太有感情了，说起辛苦，我还得感谢您一直带着我呢。"小李谦虚地说。

"话是这么说，不过我觉得以你的工作经验，完全可以学着挑战一下自己，上周公司高层开了会。你知道，我们公司的产品主要销往南方市场，公司最近决定开辟华北市场，这是一个很有挑战性的工作，我觉得你有这个能力。"

"呃……让我想想吧。"小李想了半天后还是吞吞吐吐的。"市场投放上面，我该怎么入手呢？如果前期投入了人力物力，我失败了怎么办……"小李又问了一连串的问题。

看到小李的态度，总经理说："好吧，你还继续做你的小主管。"

这则案例中，总经理为什么最后收回让小李去开发华北市场的任务，因为他从小李的话中看到了他对自己的依赖性，一个依赖性太强的下属又怎么能独立完成任务呢？

事实上，我们生活的周围，有很多和小李一样的人，他们很缺乏安全感，总是希望他人能帮自己一把。假如你是他的上司，你想给他一个表现的机会，于是，你会问："你能不能做到？"他会说："唔……"你很急："想什么想，到底行不行？"他会回答："可能可以。"你鼓励他说："你

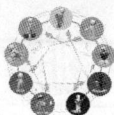

一定可以的。"他会心想："这世上有什么事是一定可以的？！"他才不相信。

当然，对于六号性格者的语言密码的分析，我们同样需要从它所包含的两种性格考虑。

1. 对于P6而言

他们说话时的声线是颤颤抖抖的。有些男性六号，他们身材魁梧，但在说话时（尤其是面对自己的妻子或者老板时）却显得中气不足。并且，即使你明确地表达出自己想要讲的话题，他们也会与你兜圈子，久久不入正题。

但如果P6是一名营销人员，那么，他的成绩一般都会很好，因为他们很有耐心，这一点是能打动客户的。

2. 对于CP6而言

他们与P6说话时的声线完全不同，他们讲话故意粗声粗气，而他们这样说话也只不过是故作镇定。

除了以上两点，我们发现六号性格者在说话的时候，有一些常用语，如"慢"、"等等"、"让我想想"等。

这里，假如有一个三号领导在现场，众所周知，三号是实干家，是不想浪费时间的，他命令六号："赶紧去执行，不要再想了。"但六号还有一堆疑问等待着问三号，然而三号已经不耐烦了。

再者，六号还很喜欢把"不知道"挂在嘴边。举个很简单的例子，你问他："订书机在哪里？"他会马上回答："不知道。"其实订书机他刚刚用过，那么，他为什么要说不知道呢？因为说"知道"太不安全了，而说"不知道"可以起到缓冲的作用，可以等其他的想好了再说。

六号性格者还经常喜欢问"怎么办"，他们这样问，也是为了缓解自己的焦虑。而假如你能给他一个明确的答案，"去做吧，出了问题我负责"，那么，他们在获得这一"安全协议"之后，马上就找到安全感了。

六号性格者对于安全感的缺乏在他们的语言表达中尽显无遗，在确保得到支援以前，他们是不会对某一问题下定论的，而正是因为这一点，六号常给人优柔寡断、不能担当大任的感觉。如果你是一名六号性格者，在这一点上应该加以改进。

六号性格者的内心真实需求

六号忠诚者最大的性格特点就是追求依赖、多疑、依附权威而又不服权威；他们的基本恐惧是得不到支援及引导，单凭自己的能力没法生存；基本欲望是得到支援及安全感。因此，他们在内心常告诉自己：如果我能够达到他人对我的期望就好了。这就是忠诚之士的内心真实需求——安全感。正因为其缺乏安全感，才会让他们在心理上有以下表现：

"我的确属于多疑的人。也许别人是关心我，但我却本能地想挖掘他们背后的意图，他们为什么要对我好？到底有什么目的？你们别把我当傻瓜，我能看透你们！"

"即使我与别人亲密接触，但在心理上，我还是会保持一点距离，这样会让我觉得安全一点。"

"即使我的妻子经常对我说她爱我，但我还是喜欢考验她，我不是不相信她，只是想自己的心更为踏实罢了。"

"我有一种预见的能力，我能看到事情最糟的一面。因此，常常在发生一些不好的事情前，我已经做好心理准备了。"

那么，忠诚之士的性格是怎么形成的呢？

在他们很小的时候，他们曾遭遇过被权威抛弃的经历，他们对权威已经

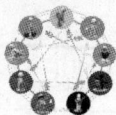

失望了，他们很清晰地记得自己因为强权不得不违背自己的意愿。这种经历一直萦绕在他们的脑海中、伴着他们成长。长大后，他们对于周围人的行为动机开始怀疑，这种怀疑的心态让他们感到很不安全。于是，六号性格者可能会选择一个强有力的保护者，也可能站在怀疑论者的立场上，对权威提出批判。另一方面，他们又对权威的等级层次相当不信任。对权威的怀疑，让他们既表现出顺从的姿态，同时又带有怀疑的眼光。但追究起来，这种强烈的怀疑感产生于童年，主要动因就是为了躲避那些有权力的大人对自己的干涉。

但我们不得不承认的是，正因为这种迟疑不决的心理，让他们在做事时很难做到善始善终。

"这已经是我找的第八份工作了。"刚从学校毕业的小陈这样表述道。"每次，我都满怀信心准备好好干一番事业，可是接下来，我总是会找出所做的这份工作的缺点。比如，我找到的上一份工作是医药销售，刚开始，我听我以前的同学说他们月薪能拿到一万，这让我很心动，不过我也知道要挣钱就必须辛苦点。我做好了心理准备，但就在去公司报到的前一天，我又听母亲说这行根本没什么前途，一天除了应酬还是应酬，我是个不喜欢应酬的人，想想还是算了。前些天我又想，做点生意吧，不用给人打工，我想倒腾点小饰品，但就在昨天，我算了一笔账，我辛辛苦苦一个月，得找门面、装修、进货等，万一赔了怎么办？哎，还是算了吧，找一个工作安安稳稳上班吧。"

这就是六号性格者常有的心理，他们就是个矛盾体！六号也是渴望成功的，他们也希望自己能成为权威人士、成功者，但他们又不想突出自己。刚开始，他们总是有个很好的想法，但就在实施的过程中，开始质疑自己的决定，他们会在大脑中搜索出很多驳倒现在决定的理由，于是，他们开始变得犹疑、拖延、最终放弃。因此，在生活中，我们看到的六号，他们在迈向成功的路上总是那么断断续续，他们做过很多工作但却都一事无成。

慧眼
识人

> 六号性格者犹豫、矛盾、依附权威又不服权威、容易冲动、不停思考、办事拖延等，都是因为他们缺乏安全感。因此，与他们打交道时，如果我们能让他们产生信任感，那么，他们便会愿意与我们交往。

六号性格者处理情感生活的方法

六号是缺乏安全感的一个号码，人际交往中，他们通常会选择用付出的方式来获得安全感。因此，无论是对于自己的爱人还是朋友，他们都是值得信任的。但同样，他们性格里的多疑也是困扰他们感情生活的一个重要因素。

那么，忠诚者六号是如何处理感情生活的呢？对此，我们依然从两个方面进行分析。

首先，在对待婚姻爱情上。

他们是极其缺乏安全感的，因此，一旦他们组建了自己的家庭，他们就会对伴侣很忠诚。并且，他们愿意主动承担家庭中的很多责任，如经济问题、家务等。

当然，他们忠诚于伴侣的最大的前提条件是，伴侣已经取得了他们的信任。因此，作为六号的伴侣，如果他们试图试探你和怀疑你，你一定要重申对他们的忠诚和爱，这样，你才可能获得他们的信任。

小李是个六号性格者，她和丈夫小张大学时候就开始恋爱了。毕业以后，两人顺利步入了婚姻的殿堂，可以说，他们是周围同事、同学、朋友羡慕的模范夫妻。小张是个体贴的男人，在学校的时候，他就一直充当着大哥哥的角色照顾小李，而且无微不至。而小李则像一只温柔的小鸟，总是很依

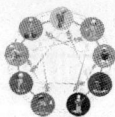

在小张的身旁。

婚后，小张提出自己创业，并要努力为妻子换个大房子。于是，他们便把几年存下的积蓄拿出来，开了自己的公司。从此，小张起早贪黑地工作，常常应酬到半夜才回家，然后倒头就睡，偶尔早回家，也是埋头查资料、写方案。

小李变得孤独了，原本她就是个缺乏安全感的女人，刚开始，她总是在丈夫身边，希望丈夫和自己说说话，但丈夫太忙了，他期盼着成功，期盼着让妻子享受高品质的生活。然而，小李对丈夫并不理解。她常问："你总和什么人在一起？""孙总、李小姐……"丈夫回答。

但她并不信任丈夫，"他支支吾吾的，肯定有什么秘密。"想到这一点，她便想到一个很好的主意。这天，等丈夫下班后，她悄悄打开了书房的保险柜，果然，她发现里面居然有一瓶男士香水。看到这里，小李变得抓狂了，肯定是哪个女人送的！

晚上等小张回来后，小李开始咆哮起来："你在外面是不是找了狐狸精了？"

"你说的什么话？"

"那你告诉我，那瓶香水是怎么回事？"

"你开我的保险柜了？"小张说到这里，已经开始生气了。

"是啊，你先告诉我，香水是哪个女人送的？"

"你太过分了，你知道什么叫隐私吗？你大学是不是白读了？"小张已经很生气了。对于香水的事，他也不想解释了。他什么也不说，就拿起报纸走到另一个房间。

这件事情以后，他们说的话更少了。五年后，他们如愿以偿，取得了阶段性成果，事业小有成功，可以实现买房计划了，但妻子提出买两套小房子，而不是计划中的大房子，虽然他们之间并没有第三者。离婚的时候，小张告诉妻子，其实那瓶香水只是一个同事出国的时候，给自己买的一个纪念品。

有人说，猜疑原本就是幸福婚姻生活的最大杀手，有多少甜蜜的爱人因

为猜疑而分道扬镳。的确，故事中的六号性格者小李就是因为猜疑心重而翻看了丈夫的私密物件而让对方生气，即使这一物件并没有特殊意义，但却是对夫妻双方之间信任的一种亵渎。因此，如果你也是一名六号性格者，在感情生活中，你需要做的最大的改变就是尝试信任爱人。

六号缺乏安全感、服从权威，并且，他们相信真权威，而不是假权威，而在九型人格中，八号就是真权威。关于八号的具体性格特征，我们在后面的章节中会有所阐述。六号是顺从的，会愿意接受八号的保护和领导。除此之外，他们之间还有很多一致的地方，因此也容易达成共识。

其次，人际关系上。

六号被称为忠诚者，意即他们是有责任感的、重承诺的。因此，如果你交给六号一件事，他们一定会想方设法替你完成。但不得不承认的一点是，你在获得六号的信任前，他们对你的防卫心理是极强的。

慧眼识人

六号处理感情时恐惧被遗弃，无人支援，对人太过依赖；对人有承诺感，值得信赖，同时保持独立，而防卫性颇强。作为六号身边的人，如果我们想和他们和谐相处，很明显，我们要做的第一步就是向他们表明我们是值得信任的，让他们产生安全感，彼此的关系才有可能进一步发展！

六号性格者的职场表现

身处职场，我们总是会发现有一个或者几个对领导特别忠诚的人，无论领导交代什么任务，他们都会不折不扣地完成；遇事他们喜欢问领导的意见；他们常把"怎么办"挂在嘴边……这样的人就是六号性格者。职场中，

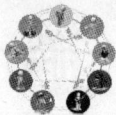

他们多半是打工者，因为他们不善做决策，总是游移不定。那么，六号性格者在职场都有什么表现呢？

首先，六号性格者作为员工。

六号喜欢制度清晰、权力架构清晰的工作环境。只有在这样的工作环境下，他们才能找到令自己臣服的最高权威者，才能找到自己工作的依据，进而获得一种安全感。因此，如果他发现自己有两个上司，那么，他便不知道该怎么办了。对此，我们先来看下面一个故事：

山姆就职于一家大型外企，从毕业到现在，他已经在这家公司工作了八年了，他从未想过跳槽，因为他觉得现在的状况才是最安全的，多少人想进这样的外企还进不来呢。但让他一直在这家公司工作的最主要原因是他的上司乔娜女士。山姆记得，当初他刚进公司的时候什么都不懂，是乔娜手把手教会了自己很多东西。乔娜是个很有领导才能的人，在她的带领下，整个部门在公司的业绩一直都是前三名。

可是最近公司却发生了一件让他感到很苦恼的事。上周，公司高层开了个会，公司经理以上的高管全部实行互相监督制，名义上是监督，实际上，高层内部开始了互相牵制，也就是他们会干涉彼此的工作。可怜的乔娜受到了牵连，她的身边被安排了一位副总。自从那件事后，乔娜来上班的时间少了，大部分时间都是这位副总在坐镇。

这件事也许对于其他同事并没有什么影响，因为他们平时本来向乔娜汇报工作的次数就比较少。可是山姆却迷茫了，"我该听谁的好呢？"这几天，他已经积压了太多的工作，不知道是该给乔娜打电话还是去问这位新来的副总？

六号性格者就是这样，工作中，他们已经习惯了执行领导明确的指令，很少自己做主去完成一件事。而一旦公司出现了人事变动，他们就表现出慌乱的情绪，不知道该听谁的好。

职场中的六号员工一般都是顺从的，他们依赖上司，希望上司能给出明确的工作指令和可信赖的安全协议——你尽管去做，出了事我负责。我们不难发现，在上司眼里，忠诚者六号固然没什么主见，事事求助于上司，但他

们却是自己永久的支持者，也不会对自己构成威胁。

其次，六号作为领导。

一般来说，在职场中，六号是不适合领导员工的。因为一旦出现什么事，他们就会陷入焦虑中："我该怎么办？怎么办？"而更高级的上司通常烦不胜烦："什么怎么办？你去办啊。"

六号上司很重视和下属之间的关系，他们会保护自己的下属，尽管他们平时看起来没什么大的能力，但在关键时刻，当自己的下属遇到难题时，他们是会挺身而出的。

他们是以身作则的上司，做事有始有终。

他们很有危机意识，当然，有些危机实际上是他们患得患失的结果。例如，如果他自己创业，现在事业很有成就，挣了很多钱，他的家人会劝他：累了这么多年，该好好休息了。他肯定会说："要居安思危，市场瞬息万变。"其实，有时候，他们的顾虑完全是多余的。

他们行事谨慎。如果他们的下属在工作中遇到问题，那么，他们一定会夸大问题，让下属加倍小心等。

慧眼识人

　　身处职场，如果我们工作的周围也有六号性格者，那么，我们应该理解他们缺乏安全感这一心理，多给他们以支持，多帮助他们，他们便会发挥出自己的才能，并获得他们的信任。

六号性格者如何调节心理

关于六号忠诚者性格形成的原因，前面我们已经简单分析过：童年时期

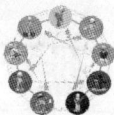

的他们大多经历过对权威丧失信心的危机，他们曾信任的权威者可能出卖过他们，他们的父母可能是无能的、不可靠的，他们的父母可能有酗酒、赌博的恶习，让他感到无法依赖。于是，长大后的六号便形成了这样的性格特征：多疑、依赖他人、保守等。很明显，这些都是阻碍六号性格者获得良性发展的重要因素，应加以调节。

在做九型人格性格测试时，有个很特别的学生，在填写自己的资料时，他除了写了个名字外，其他都不愿填写，培训老师立即看出来他是多疑的六号，便在课下和他交谈起来。

"你好，我们能做个朋友吗？"老师对他说。

"这么多学生，他为什么只是和我交谈，他有企图"？这个名叫杰森的学生这样想。

其实，老师已经猜到了他的想法，于是，赶紧说："放心，我没有任何恶意，你好像很不愿意信任别人，能告诉我为什么吗？"

这个老师果然很厉害，杰森觉得在他面前掩饰已经没有任何意义了，于是，他说："您果然是个高明的老师。我承认，我很少信任别人，即使对于我最好的朋友，他们说任何一句话，做任何一件事，我都要考虑他们有什么目的。其实，我也知道很多时候他们并没有恶意，但是，我就是控制不住自己。老师，我该怎么办？"

经常问"怎么办"，这是六号性格者的特点，老师更加肯定他的性格类型了，"能告诉我你的成长环境是怎么样的吗？你的父母经常陪你吗？他们爱你吗？"

"他们当然爱我，只是我成长的环境有点特殊。我的母亲是一名家庭主妇，我的父亲是一名情报工作者，他经常在外面待很长一段时间才回来，工作没有任何的定性，他一回来就会和母亲去房间里嘀咕半天。有一次，我听到了一个秘密，当然，这个秘密我不能告诉你，是父亲工作上的。后来，父亲发现了，他对我说一个字都不能说出去，否则全家都有危险，从那次开始，我总是在心里默念不能泄露秘密。平时，我看不到爸爸，我会问妈妈他去了哪里，妈妈从来也不跟我说。就这样，我在一个充满疑问的环境中

长大了。"

"这就是你的性格形成的原因吧，不过可喜的是，你已经愿意改变自己了，不然你也不会来这里上课，对吧？"老师对杰森充满善意地笑了笑。

"是的，我很想相信别人，不然我永远没有朋友……"

从杰森的叙述中，我们发现了他的多疑的性格形成的原因——家庭秘密。事实上，很多六号性格者性格形成的原因都和童年经历有关。在信任感缺失、阴谋等情感的困扰下，他们幼小的心灵被笼罩上了阴影。他们在成年以后，时刻专注于要拥有一个超乎常人的清晰头脑，以保持强烈的注意力，他们对自我的认知产生高度的怀疑，并且对他人，尤其对权威，无尽地猜忌。不过正如老师所说的，杰森是幸运的，至少他已经开始愿意改变自己了。

那么，作为六号性格者，他们该从哪些方面调节自己的心理呢？

1. 认识到内心恐惧的存在

你不妨找一个信任的朋友，把你内心的恐惧告诉他，然后听听对方的意见。这样，认识到自己负面心理的存在，然后正视它。

2. 要认识到真正的劝慰来自于自己

很多六号性格的人会假设他的领导人知道所有的答案，而自己一无所知，用此来回避怀疑的痛苦。因此，任何一个六号性格的人都应该认识到，要消除怀疑，首先要相信自己，自己就是权威。

3. 学会信任别人，主动寻求帮助

在感情关系中，如果你总是怀疑别人，那么，你又怎么能获得他人的信任呢？因此，不要总是在内心警惕地询问自己："他们真的值得信任吗？"只要你愿意信任别人，你就能找到信任的方法。例如，主动寻求帮助，你会发现，他人是善意的，是真诚的。

4. 学会赞美

不要再认为他人是无能的，或者是不值得信任的，而是要学会赞美他人。

5. 学会独立处理事情，培养自己的冒险精神

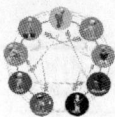

六号性格的人多半喜欢团队作业，因为他们害怕失去依赖的感觉，而如果你想做出改变，首先就要破除依赖。

慧眼识人

每一种性格的人都应该学会看到自己性格中不足的部分，并学会调整自己、完善自己。六号性格的人若能从以上几个层面做出调整，那么，就一定能朝着更完美的六号迈进！

与六号性格者和谐亲密相处之道

六号性格者的典型特征是谨慎、忠诚，他们会强烈地顾忌自己的"安全"。他们经常觉得自己的安全受到威胁，常常过于小心谨慎、容易猜疑，容易把别人的忠告看成是一种攻击行为。因此，与六号性格者打交道时，我们只有掌握一定的技巧，让他们产生信任感和安全感，才能与之和谐亲密相处。对此，我们先来看下面这位上司是如何与六号下属共事的：

林峰是个很有能力的年轻人，这不，最近他被一家大型外企聘用，将担任市场部经理一职。面对新环境，妻子担心他不能适应，他说："不用担心，你老公好歹是学过一点心理学的，我知道怎么和新同事打交道，放心吧。"

刚上任的一段时间，他并没有投入工作，而是先看了一遍部门员工的资料，他发现自己的秘书一职将由一个叫李达的人担任，于是，他开始关注这个年轻人。根据看人的经验，他认为，李达应该是六号性格的下属。要让他立即对自己产生信任感，并听自己的安排并不是一件容易的事。但很快，林峰发现了李达曾经做过一件令公司员工们感叹的事，他便想从这件事入手。

这天，忙完手头的事后，他把李达叫到了办公室，他发现，李达面部神经绷得很紧。于是，他赶紧说："别紧张，先坐下。"

"好的，经理。"

"今后你就是我的秘书了。"林峰说。

"这是我的荣幸。"

"话不是这样说，能有你这样忠心的员工，是我的荣幸才对。那次，你和许总一起去香港出差，在中环那儿，车子差点撞到许总，你却推开许总，自己被车撞了，现在腿那儿还经常疼，对吧？"

"原来您也知道这件事啊。"李达不好意思地笑了笑。

"这样好的下属，不是每个上司都能遇到的啊。那好吧，今天就到这里，以后工作放心大胆地去做吧，我相信你，不管什么结果我都接受。"

从那以后，办公室的其他员工发现，李达做事积极大胆多了，也不再有事没事找他们问意见。

这则案例中的林峰是个英明的上司，发现李达是个六号性格的下属时，他便抓住了六号性格者忠诚的优点，先对李达夸赞了一番，以此获得了李达的信任；然后，他再给李达下达了一条安全指令，卸掉了他工作时的疑虑。这样，原本依赖性强的李达找到了安全感，自然愿意放开手工作。

日常生活中，与六号性格的人打交道，我们可以从以下几个方面入手。

1. 欣赏他的忠诚、智慧、才智

上面案例中的上司林峰正是因为做到了这点，才获得了下属李达的信任。

2. 多肯定你们之间的感情，给他安全感

如果你是六号性格者的爱人或朋友，他们可能会采取一些措施来检验你们之间的感情，而通常他们都能找到自己被背叛的证据。为此，你还不如先表达你对他们的感情，肯定你们之间的关系。

3. 与他们定下清晰的目标，不要有任何猜疑

做事前，只有先明确目标，他们才敢放手去做。而事情做好之后，他们又会担心自己做得不好。为此，如果你了解六号，就应该在做事前告诉他一

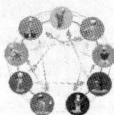

个具体的执行方案，并卸掉他们的包袱——放手去做吧，有什么事我担着。

如果想赢得六号的信任，你只要把事情运作过程中的陷阱、危机等负面的东西告诉他们就行了。如果你能说出事情的负面，他们就会觉得你这个人可靠，值得信赖；如果你报喜不报忧，他们就会对你充满质疑。

慧眼识人

六号性格者总是对人性充满质疑的，为此，要想与他们和谐相处、达成共识，前提只有一个，那就是取得他们的信任。只有赢得他们的信任，他们才会说"没问题"；只有赢得他们的信任，他们才会对你忠心耿耿。

六号性格者的闪光点

六号性格的人除了具备忠诚这一明显的性格特征外，他们还喜欢用怀疑的眼光看待周围的一切。因为怀疑，他们变得恐惧，变得疲惫，他们在行动前犹豫不决；他们依赖他人，渴望获得他人的支援却又不信任他人。逆境中的六号更是因为对安全感的缺乏而变得焦虑，甚至会产生自虐倾向……但我们不能否认的是，他们的性格中同样有很多闪光点。关于这一点，我们可以从以下几个方面分析。

1. 忠诚

在九型人格中，六号是忠诚者。在中国古代，皇帝身边那些敢于说真话、不怕得罪人的大多是六号，比如魏征；但往往被杀头的也是六号，岳飞就是一个典型的例子。

在生活中，假如你有一个六号性格的朋友，你会发现，在你出现危机的时候，他们甚至会牺牲自己的利益帮助你。他们还是团队中的好成员、忠实

的战士。当他人在为某种利益工作时，他们会为某种理想而工作。

张坤是一家公司的部门经理。一次，他和公司王总、肖副总驱车出差，半路上，他们的车不小心和外地一辆车发生了车祸，虽然没有人伤亡，但对方却仗势欺人，出事后就要过来打架。此时，作为领导的王总自然上来和解，但对方根本不听，几个人上来就把王总打翻在地。肖副总已经不敢言语了，而张坤毫不犹豫地挺身而出，不惧被打的危险，上前勇敢地大声说："请你们理智一点好不好，车祸是谁都不愿意出的事，既然出了，就要解决问题，何况没有伤亡就是最大的大幸，如果打架能够解决问题，就请你们打我好了，别打他，可能是你们觉得问题太小，请你们把我打死吧！"于是，张坤做出了一副大义凛然的样子。

对方一看张坤不怕死的样子，便被他的勇敢和幽默折服了，变得心平气和了，找来交警处理，对方也向王总真诚道了歉。从此，张坤成为了王总最信任的人。

故事中的这位部门经理张坤应该就是一位六号性格者，他与公司高层领导患难见真情，救他们于生命危险中，自然得到了领导的信任和重用。危及生命的时候，才是最患难的时候，更是检验友谊、情感和忠心的时候。而作为领导者，谁会排斥这样忠诚的下属呢？

2. 对爱情专一

六号希望通过婚姻和爱情获得安全感，因此，一旦他们有了爱人或者结婚，他们都会全心全意对爱人付出。下面是一位已婚女人对自己六号性格的丈夫的评价：

"我这辈子做得最正确的决定就是嫁给了他，别看他是一名公司高管，周围也围着很多漂亮的女人，但他懂得与她们保持距离，因为他知道家对他的重要性。他一下班就会按时回家，还帮我做家务。结婚快五年了，虽然他给不了我大富大贵的生活，但我却觉得十分安心。曾经有几个女朋友说自己老公出轨的事，我可以肯定一点，我老公不会。"

3. 愿意为了一个有价值的冒险挑战权威

六号是唯一一个代表了两种性格的号码，对于先发制人六号而言，他

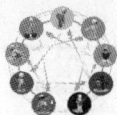

们是富有挑战能力的，他们可以为了内心的安全去从事一项不需要被社会和他人认可的工作，也愿意挑战权威，去面对打击，尤其是在拥有同伴支持的时候。

慧眼识人

六号是忠诚的类型。他们很有责任心，值得信任，能得到周围人的喜欢，但同时他们也常常很焦虑，对外界充满怀疑。健康状态下的他们能和他人建立紧密的合作关系，以使工作更有效地完成；最佳状态下的他们还是有勇气、有信心的，能激发出自身的很多优点。

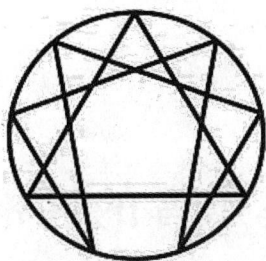

第9章
七号享乐者——
乐观图新心理的探秘与解析

　　七号性格者被称为享乐者，他们毕生追求的目标就是快乐，他们永远像个长不大的孩子，对于明天总有很多美好的梦想，也有一些不切实际的幻想；做事的过程中，他们显得有些不成熟、不负责任、虎头蛇尾，但具有创新意识和积极向上的人生态度。他们的这些性格特征都告诉我们，与享乐主义者打交道，不仅要为其营造出快乐、轻松的氛围，还应帮助他们认识到梦想的实现需要接受痛苦，还需要持之以恒，进而让其发挥他们的优，帮助他们成长！

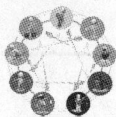

七号享乐者的性格特征

　　曾经有人问，人活于世的终究目标是什么？对于这一问题，仁者见仁，智者见智。但如果我们问九型人格中的七号，他 定会告诉你："当然是快乐。"他们就是享乐主义者，像个永远长不大的孩子，对周围的一切事物都充满了好奇，他们喜欢投入情绪高昂的世界，总是不断地寻找快乐。关于七号享乐主义者的性格特征，我们不妨先来看下面一个故事：

　　这天，刚度完蜜月回来后的张小姐在一家西餐厅请自己的几个姐妹吃饭，饭桌上，张小姐闷闷不乐，大家问她："刚结婚就愁眉苦脸，发生什么事了？"

　　"哎，说来话长，结完婚才发现，婚姻这事一定要慎重。"

　　"怎么说？难道你老公查尔斯不好吗？"　　　　　　　　　.

　　"他好不好我不是很清楚，但他真的不适合我。"张小姐很无奈地说，"刚认识的时候，我是被他的积极、幽默、风趣打动了，他很善于制造浪漫，像个魔术师一样，总是能把每天的世界都变得不一样。他很吸引我，这就是为什么我们刚认识三个月，我就答应嫁给他的原因。"

　　"这不是挺好的吗？"

　　"事实上，他所有的激情都来自于他完全还是个孩子，他已经三十五岁了，可是他的大脑里却每天还在想那些怎么追逐快乐的事。他跟我说，他不想要孩子，不想买房子，我问他的打算，他说明天的日子明天过。天哪，我怎么嫁了这样一个没有责任心的男人。他总是一会一个样，蜜月前一天，我们都商量好了去哪里，但第二天早上一起来，他又改变主意了。我都不知道他一天在想些什么……"

　　张小姐口中叙述的查尔斯是个典型的七号性格者，他们活泼开朗、精力充沛、兴趣广泛，时常想办法去满足自己想要的，爱玩，贪新鲜而怕做承诺，渴望拥有更多，倾向逃避烦恼、痛苦和焦虑。不难发现，他们性格中有

值得赞扬的地方，但同时，正如张小姐说的，他们缺乏一定的责任感，显得不成熟。对于他们而言，临时的承诺很容易，但是长久的承诺却很难，因为永久会让他们失去无限可能的未来。这一点，无论是对于情感还是对于工作都是如此，他们追求的终极目标都是快乐。如果他们工作时感到疲惫了，那么，他们会立即放下手头的工作，转而进行其他能给他们带来快乐的事。当然，他们还有个其他性格类型的人所不具备的能力——他们能同时处理几件事。

那么，七号性格者都有哪些性格特征呢？

性格外向，爱交朋友、贪玩；

乐观、积极；

有探索精神，对自己感兴趣的事会着迷；

喜欢自由的关系，不喜欢被人捆绑；

粗心、虎头蛇尾，没有耐心，尤其是对那些琐碎的事物；

头脑灵活、变通、有创意和想象力；

愿意尝试新事物；

放任自己，喜欢我行我素，认为"只要我喜欢，有什么不可以"；

保持多种选择，为的是避免对某个单一的事物做承诺；

讨厌无聊的生活，闲不下来，害怕寂寞；

关注自己的感受而忽视别人，很难走入别人内心；

喜欢娱乐消遣，如旅行或同朋友谈天说地的美好享受；

避免与他人发生直接冲突。

慧眼识人

七号享乐主义者的座右铭是：变幻才是永恒，他们追求的终极目标是快乐，因此，他们要新鲜感、追赶潮流，不喜承受压力，怕负面情绪；想过愉快的生活，想创新，自娱娱人，渴望过比较享受的生活，把人间的不美好化为乌有。这就告诉我们，与七号享乐主义打交道的第一要义就是要让他们感受到轻松与快乐。

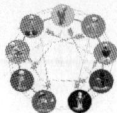

七号性格的身体语言

九型人格中，七号享乐主义者的性格是外向的、开朗的，总是保持着积极向上的态度，非常合群，而且能说会道、魅力十足。因此，有人把他们称为社交中的"万人迷"，但同时，他们又是讨厌被束缚的，他们喜欢追随自己的思想。在社交场合，如果你看到一位侃侃而谈、能成功带动周围人的情绪但又总是表现出坐立不安的状态的人，那么，他多半是七号享乐主义者。关于七号性格者的身体语言，我们先来看下面一则案例：

皮特因为工作表现好，最近被提拔为人力资源部的主管，这是一个很有职业前景的职位，但同时，它也是一个挑战，因为能否为公司招募到出色的人才至关重要。

前几天，皮特接到上级的指示，要为公司招一名售后经理。皮特心想，这是自己升职后的第一个任务，一定要完成好。皮特也是有备而来的，做足了各项工作，其中就包括对面试者的性格、心理的研究。

招聘工作很快开始了，经过层层选拔，皮特留下了两个人，一个是约翰，一个是史蒂芬，他们学历相当、能力相当，曾经的工作成就也相当，这让皮特很难抉择。最终，他告诉他们："两天后，你们来公司开个会，最终选择谁就能见分晓了。"为什么皮特把最终抉择日期放到两天后的会议上？其实，皮特另有打算。

皮特所说的会议，其实只有他和这两个面试者。会议开始后，皮特坐在领导席，约翰和史蒂芬则坐在对面，他先让约翰和史蒂芬做了一测试题，答案显示，约翰是一号性格者，而史蒂芬则是七号性格者。

接下来，皮特开始了自己的长篇言谈，整个会议进行到半个小时的时候，皮特留意了一下他们两人的动作、神态，约翰依然聚精会神地听自己说话，并用笔时不时地记下些东西，而史蒂芬则明显表现出不耐烦了，他不时地扭转身体，两只手不停地在椅子边缘上搓来搓去，表情极其痛苦。

看到这一幕，皮特依然不动声色，继续开自己的会，会议到一个小时的时候，皮特说："会议结束。"他的话音还没结束，史蒂芬就从椅子上站了起来，显然，他早已经按捺不住了。

第二天，约翰就接到了公司的电话，他被录用了。而史蒂芬则没有被录用。

后来，在和皮特一起吃饭的过程中，约翰问："那次你为什么没有选择史蒂芬而选择了我呢？"

"很简单，一个连领导讲话都听不下去的人，又怎么能面对客户的长篇抱怨呢？"

这则案例中，我们不得不佩服皮特的智慧，面对两个实力相当的应聘者，他采用了试探法，先让他们做测试题，然后根据两人在会议中的肢体动作验证了测试题的准确性。他放弃选择史蒂芬的原因就是因为史蒂芬是七号性格者，相对来说，这一性格的人并不适合做售后服务工作。

我们都知道，七号享乐者最大的愿望就是获得快乐。与人交往，如果能感受到轻松与快乐，他们便会沉溺其中、津津乐道，向他人讲述各种趣事，让周围的人被自己快乐的情绪感染，此时，他们表现出来的肢体语言是快的、开放式的；而如果处在让他们压抑的环境中，他们便表现出坐立不安、扭动身体的状态，甚至会在眼神中透露出痛苦。根据这两种情况下他们的不同表现，我们也能了解他们的心理，以便调整我们与之交往的策略。

除了身体语言外，七号性格者在面部表情上也有一些特点：大笑或不笑，很少微笑，有不屑的表情，有时瞪眼望人。

慧眼
识人

总结起来，七号性格者的身体语言是：动作快，开放式，不断转动身体，坐立不安，手势不大。了解他们的心理以及他们的典型动作，能帮助我们识别出周围人的性格特征，也能帮助我们成功与他们打交道。

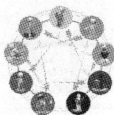

七号性格者的语言密码

九型人格中，七号享乐主义者最大的特点就是追求享乐。在享乐面前，他们多半都会表达出自己快乐的情绪。而在遇到痛苦时，他们都有一套屏蔽系统。为此，生活中，我们就不会为那些七号朋友总是说"管他呢"、"爽"、"用了/吃了/做了再说"而感到奇怪了。我们先来看下面一个案例：

杨林今年30岁，身高1.65米，如今事业有成，在一家外企当市场部经理，每天不得不参加各种各样的应酬，体重由刚开始工作时的100斤变成150斤了。其实，她之所以这么胖，完全是因为她管不住自己的嘴。

平时，和几个女同事一起应酬，其他女同事都说："不敢吃啊，怕胖。"她倒好，一有应酬，都会饱餐一顿，朋友劝她该管管自己了，她却说："等吃完这顿再说吧。"

面对越来越重的身体，她也感到苦恼了，决定减肥。

这天，她又和一个女朋友一起出来吃早饭，这位朋友买了一杯豆浆，一个菜包子，而她倒好，居然点了十几样，而且每样都是肉。朋友问她："你不是在减肥吗？还吃这么多？"

"那好吧，我不吃总行了吧，我喝豆浆。"于是，她拿起豆浆喝起来，但眼睛却一直没有离开桌子上的各种肉食。后来，她居然趁着这位朋友去洗手间的空当，偷吃了五六种肉食。被朋友发现后，她辩解道："哎呀，不吃东西我怎么有力气减肥呢？"听完她的话，朋友哭笑不得。

杨林就是典型的七号享乐者，在他们看来，自己的一切行为都是正确的，即使外人指出了他们的错误行为，他们还是能找出理由为自己开脱。所以你会发现七号的人会远离痛苦，永远会让自己到一个快乐的地方去。无论这件事情是不是值得庆祝，是不是可以让他们快乐，他们都会为自己找到一个快乐的理由。

因此，我们不难总结出七号性格者的语言密码。

1. 音调快而清脆

说话态度与用词不大着意、即兴闲谈式，似在耍乐，也不带有某种明显的目的性。因此，我们在与七号交谈时，会有种很轻松的感觉。

2. 合理化倾向

那么，什么是合理化呢？

对于七号来讲，无论当下发生了什么，他们都能接受，并且会用轻松的语言来解释。举个很简单的例子，如果他的手机丢了，他可能就会说："丢了刚好，可以买新的了。"再比如，如果他已经很胖了，周围的人也开始议论他的身材，他也会说："这是有福气的表现，别人想要还没有呢。"

3. 喜欢表达自己的感受

七号是享乐主义者，他们在体验了某种快乐后，也会发表自己的感受。例如，在吃了某种美味后，他会说"真是爽极了。"玩耍过后，他们也会说"很好玩"、"不错"等等。

4. 常表达良好的自我感觉

七号享乐主义者是典型的人们常说的"自我感觉良好"的人，因为任何一点对自身价值的怀疑都能让他们感觉到痛苦。他们更愿意活在想象和对未来的憧憬中。一般来说，人们的自我价值的实现多半有两个途径，要么是努力获得，要么是想象，七号就属于后者。他们会对自己说"要是我试了，我也能做到。""我已经差不多了。"

5. 常表现出跳跃性思维

七号是跳跃性思维，在与他人交谈时就会体现出这一特点，此刻他还在和你说法国的埃菲尔铁塔有多雄伟，下一秒他就可能和你说到体坛风云，通常"语不惊人死不休"。你问的明明是这一问题，但他的回答却完全不沾边，让你丈二和尚摸不着头脑。

慧眼
识人

七号享乐主义者追求的终极目标是快乐，因此，只要获得了自己想要的东西，他们就可以将其他所有事物抛之脑后。而正是因为这一点，七号常给人一种做事不负责任、没有毅力的感觉。因此，如果你是一名七号性格者，应该记住，追求快乐、相信自我也应该有个度，过度便是恣意享乐。

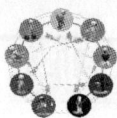

七号性格者的内心真实需求

七号性格者追求的终极目标是快乐，他们的基本恐惧是被剥削、被困于痛苦中，而基本欲望是自己如愿以偿，因此，他们常对自己说"我能得到我想要的一切就好了"。与其他性格者相比，他们的童年是快乐的，但也是处处充满着规范，限制多多，常常令人感到束缚和痛苦。因此，七号相信唯有通过追寻自由和快乐，才可逃避痛苦、脱离规范。即使长大后，他们的骨子里还保留童年时对快乐的殷切向往，为了获得快乐，他们可以忽视其他所有事。对此，我们先来看下面三个七号性格者的自述：

"小时候，爸爸妈妈规定我做完作业才能玩，即使周末也是如此，这太让我郁闷了，为此，我一个人关上房门，一边做作业，一边找点其他小玩意来度过这段难熬的时间。当然，我玩是不会让爸妈知道的，我不敢在房间里打游戏，不敢玩电脑，只能画些小东西，玩玩铅笔等。"

"有一次，我和表哥在电视上看网球，我被那些网球巨星深深地吸引了，从那以后，我立志要成为一名网球高手，我爱上了看动漫《网球王子》，我收集各种网球明星的海报。后来，我把我的想法告诉了爸爸妈妈，但他们并不理我，他们居然讲出一堆大道理，说现在的任务是学习、考大学。我又说过几次这件事，他们都拒绝了，我也就不再提了。但我并没有放弃自己的梦想，平时趁着父母不在，我就向表哥借来网球拍，自己研究网球技术，现在我已经是一名网球教练了。"

"上小学的时候，为了不做作业，我开始撒谎，用尽了各种方法，有时候说课本忘带了，有时说已经做完放在教室了，虽然妈妈还是能发现，但我仍然想撒谎，因为在我看来，放学后被剥夺玩的权利是一件痛苦的事。"

从以上三位七号性格者的自述中，我们大致能看出他们性格形成的原因。在孩童时，他们已经把身边的一事一物视为规范。长辈们为他们设定各种限制，使得他们不能做自己喜欢做的事，失去自由的感觉。为此，他们不

但学会了撒谎、伪装，还学会了如何逃避规范，只要不合心意，他们便开始本能地立即动动小脑筋，找出不同的方法去冲破它。不同的七号各自有不同的方法逃避父母的监管。

从他们的童年经历中，我们也能得出，七号性格者最真实的心理需求就是获得自由和快乐。

对于七号性格者而言，他们本能地寻求开心以逃避痛苦，所以，令他们印象深刻的是那些快乐的事，而那些不愉快的、痛苦的经历就被淡忘了。例如，他们会记得逃课和小伙伴们去买零食吃的情景，却忘了被老师罚站在教室门口的悲惨事；他们会记得过年时用零花钱买烟花爆竹玩的兴奋情节，却已经忘记了被爆竹烧伤手的疼痛……七号只会记着开心的事，他们满脑子也是美好的感觉。

可见，七号性格者是快乐的、富有创造力的，他们所经历的人生是多姿多彩的，但同时，一味地追求快乐，也让他们学会了伪装，学会了逃避痛苦，回避渴望、失落和悲剧，一个不愿面对心理弱点的人是无法长大的。因此，对于一些七号性格者而言，虽然他们活力十足，经常鼓舞人心且雄心壮志，但他们缺乏内涵，无法察觉自我心灵面，于是七号性格者创造各种选择，以避免责任与义务。

另外，七号性格者对自己抱有很大的期望，并且，他们深信自己受到特别祝福，由于他们聪明伶俐，他们大致都能豁免平凡生活中的磨炼与苦难，但正如八号性格者高估了自己的威力而低估了别人的力量一样，七号性格者也因过分重视自己的聪明而低估了别人的智慧。

慧眼识人

　　七号性格者以追求快乐为生命的诉求，为了获得快乐，他们能忽视和放弃其他所有事，他们逃避痛苦、责任，其实，这和他们童年时期被束缚的经历有关。因此，与他们打交道时，我们首先要做的是就是营造轻松、快乐的氛围，那么，他们便会愿意与你交往。

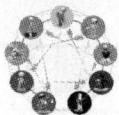

七号性格者处理情感生活的方法

　　七号享乐者是九型人格中最喜悦的一型，他们是永久的乐观者，他们能带给与之交往的人正能量；但对于生活中遇到的痛苦，他们则会采取刻意回避的方法。与六号忠诚者不同的是，他们与人打交道，是害怕许诺的，他们觉得照顾别人是一种负担，于是，在处理感情生活这一点上，他们通常显得有点不成熟、不负责任。关于这一点，我们先来看下面几位七号的伴侣的阐述：

　　"我们刚认识的时候，他对我很好，一天二十四小时都黏着我，他说我做的饭是最好吃的，我在厨房做饭的时候，他会从背后给我一个拥抱，那样的日子太幸福了。尽管每天下班之后我还得回家照顾他，但只要他说一句'我爱你'，所有的疲劳都不见了。但突然有一天，他告诉我，他爱上了另外一个女人，我问他为什么要这样对我，他说爱情本身就是要靠感觉的，感觉没有了，爱情就没有了。后来，他就离开了。我真不知道自己怎么会喜欢上这么一个不负责任的男人。"

　　"当时，我喜欢他是因为他大我五岁，在我看来，一个年纪大的男人应该更懂得照顾人。刚开始交往的一段时间，我发现他确实是个有阅历的男人，跟他在一起，从来不会觉得无聊。但后来，我却发现，他除了能说会道之外什么都不会，我每天除了辛苦地工作，还得照顾他，我让他学着做一点，他却说什么人生苦短，应该把更多的时间放到及时行乐上。后来，我也谈到结婚的事，他总是说年纪还轻、不着急，到现在，这事已经拖了大半年了，我真不知道该怎么办。"

　　"我们当年是亲戚介绍认识的，我对他还没怎么了解就结婚了，他这个人倒不坏，只是太没责任心了。我们有了孩子之后，他基本上连抱都没抱过。他平时大部分时间都是在外面和朋友吃喝玩乐。孩子现在越来越大了，消费也越来越多，我一个人根本就支撑不住这个家，可是他似乎根本都不关心这些事，真不知道他一天在想些什么。"

　　从以上叙述中，我们大致能发现七号性格者对待婚姻家庭的态度——责

任心缺乏、害怕许诺。在他们看来，婚姻和家庭都会束缚自己寻找快乐，多半的七号性格者更愿意与爱人谈恋爱而不愿意结婚，而一旦他们认为爱人给自己带来某些负担，他们便会选择逃避。即使在家庭生活中，他们也希望爱人能多承担责任。事实上，他们忽略的是，爱情与婚姻都需要双方的付出，感情的世界里也不是只有快乐，还有痛苦。如果他们一味地强调自己的需要，一味地要求对方为自己带来快乐，那么，即使再坚实的爱情也最终会土崩瓦解。因此，学会面对痛苦、承担责任是任何一个七号性格者都必须学会的。

另外，我们发现，在人际关系中，七号性格者能充分享受生命、醉心于愉悦的生活。他们活跃好动、热情洋溢，即使他们已经不再年轻，但看起来依然那么生机勃勃。在与周围的人打交道时，他们总是能给人带来欢乐。

"我最大的爱好就是交朋友，我有个特殊的才能，与人见一面，我大致就能看出对方值不值得交往。如果是很闷很无聊的人，我几乎无法忍受。假如是志同道合的人，就算在人家眼中是'臭味相投'，又有什么所谓，最重要是开心呀！"

"我发现大家都很喜欢我，无论是老朋友还是新朋友，我总是能为他们讲述很多有趣的经历，他们会被我深深地吸引。"

"我喜欢友谊，但不能忍受有人要控制我，他们有什么权利这样做呢？"

这就是七号性格者，他们总是散发着轻松愉快的活力，在人群中闪闪发光，能使别人快乐，但却害怕被束缚，也常常因为逃避责任而给人留下不值得信任的印象。

慧眼识人

总结起来，七号性格者在处理感情生活上的方法和态度是：逃避痛苦、空虚感，过分强调个人的需要，很容易觉得照顾别人是负担。作为七号性格者的朋友或爱人、亲人等，如果想和他们和谐相处，很明显，要做的第一步就是要让他们感受到自由和快乐。当然，作为他们自身，在追求快乐的同时也应该学会面对痛苦！

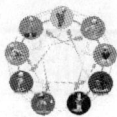

七号性格者的职场表现

七号性格者是外向性格的人，他们的终极目标是寻求快乐，他们热情、积极、精力充沛、爱开玩笑。因此，在职场上，我们很容易从人群中发现七号性格者的身影——人员聚集的地方，那个侃侃而谈的人就是七号。他们总是能为周围的同事带来快乐，他们自己也沉浸在这种快乐中。当然，他们在职场的表现远不止这些。针对他们在职场扮演的角色，我们进行一番分析。

1. 七号性格者作为员工

他们适宜的工作环境和工作岗位一般都是有创造性的，如编辑、作家或者讲故事的人。他们往往是新模式的理论家、计划者、组织者和创意收集者。他们寻找让自己情绪积极向上的自然途径。

在工作中，他们还喜欢帮助他人，为他人带来新的想法。他们会是出色的网络工作者和智囊团的策略提供者。

通常，我们不会在例行公务的工作中看到七号的身影，因为这样的工作是没有冒险精神的。实验室里的技术人员、会计和其他可以预计结果的工作，大都不会是七号的选择。另外，他们也不喜欢为一个苛刻的老板工作。

在工作的初始阶段，七号员工的作用尤其明显。他们愿意去尝试，愿意把新的理念注入到自己的想法中，愿意从反对者身上发现共同点，愿意去发现所有事情的美好面。

当然，他们在工作中也会有一些不足的地方。例如，无论什么工作，他们都想去尝试一下，但却做不到精通，这也是导致很多七号员工在做事时总是虎头蛇尾的原因。

另外，工作中遇到困难，七号员工还常逃避问题。对此，作为领导者，一定要起到监督作用，意识到他们在刻意逃避工作中的问题时就需要提醒他们，引导他们静下来面对问题，把问题想清楚。

"小王是个很不错的年轻人，那些有难度的、富有挑战的工作，他都会第一个站出来，并且，他也是有能力的。唯一不足的是，遇到了问题，他总是想逃避，常常他都会拿着一堆数据来找我，然后对我说：'李总，您看看

这些数据就知道了，这件事实在办不到啊。'我知道他又想放弃了，这时，我都会说：'小王，你先坐下来，我们来分析分析问题出在哪里好不好？'每次，我们聊完之后，他都好像变得豁然开朗的样子。"

案例中的领导李经理是个了解下属的人，他能看到小王的潜力，也能找到他的问题，在小王想逃避问题的时候对其进行指导，进而促使其顺利完成工作任务。

2. 七号性格者作为领导

七号领导者总是很忙碌、闲不住。我们经常听见七号说："我今天不能一直待在这儿，我一会儿还要赶飞机"。他们还是美食和美酒的热衷者。在大学里，他们是跨学科研究的带头人和推动者。他们总是有很多新点子，在他们的带领下工作，你永远不会觉得无趣。另外，他们也愿意亲近自己的下属，当下属工作中出了问题，他们也总是能出其不意地给其几套解决方案。

身为领导者的他们是向往享乐的，因此，只要有人邀约，提供快乐、口欲及享乐的事，他们往往是来者不拒，甚至已经筋疲力尽时，居然能立刻重燃热情。所以，他们不但会为此浪费时间、体力和精力，还会被他人诱惑而做出对工作不利的事。

在管理下属上，他们也很容易因为吃喝玩乐与下属打成一片、称兄道弟，容易造成公私不分的局面。

另外，七号领导是厌恶被束缚的，他们常常会因为自己心情不好而置工作于不顾。这一点，是需要七号领导者改进的。

慧眼识人

职场上的七号享乐者是充满激情的、聪明的、富有创新意识和能力的，他们是最好的创意人才，但追求快乐、逃避痛苦的他们也会在工作中表现出一些不尽人意之处。身处职场，如果我们工作的周围也有七号性格者，那么，我们应该在给他们空间和自由的同时，还对他们进行一些监督，他们便会发挥出自己的才能，并获得他们的信任。

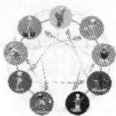

七号性格者如何调节心理

　　九型人格中，七号是永远的快乐者，他们总像个未成年人，热情、大方，遇事总是能往好的一面看，但同时也有一些不足。他们对任何事物都是一知半解，不断更换恋人，感情肤浅，不愿承诺，希望拥有多种选择，希望总是处于情绪的高潮中。他们是乐天派，喜欢前呼后拥的感觉，做事常常半途而废等。因此，正如前面六种性格者一样，七号性格者也应该学会调节自己的心理，从而让自己变得更健康、完美。对此，我们先来看下面一则案例：

　　刘先生今年35岁，从28岁开始第一段婚姻，他已经离过三次婚了。他的母亲问他为什么总是离婚，他的回答是："这些女人都是虚伪的动物，她们都说爱我，可是，结婚后，她们完全变了个样子，总是挑我的毛病。这样的感情根本不是爱情，不要也罢。"

　　"我看，她们三个根本没问题，问题在你身上。先说玲玲吧，她是个娇生惯养的女孩，家庭环境那么好，以前总爱买各种名牌，但嫁给你以后，她完全变成了一个省吃俭用的家庭主妇，你倒好，居然说人家是黄脸婆了，有本事你就多赚点钱嘛，她自然就有钱打扮自己了。再说小惠，她那么努力地工作，每天晚上十来点才回来，就是希望你们的日子好点，你居然说人家是工作狂、不顾家，哪有你这样的？最后说说盈盈吧，她总是乖巧的吧，一结婚，人家就辞了一份高薪的白领工作，专心做你的小女人，你呢，也窝在家里，不出去赚钱，人家女孩自然要跟你分手，不然岂不是要饿死了？"

　　"哎呀，妈，你跟我说这些陈年往事干嘛？"

　　"我是想让你知道，不要总是认为问题都在别人身上，感情是双方的啊。也不知道怎么回事，小时候你挺乖巧的，大了就变了，变得只爱吃喝玩乐，一点儿责任心也没有，也不知道是我哪里教错你了。"

　　"您老总说这些干嘛，人活在世上，想太多会累的，离婚也没什么了不起，旧的不去新的不来，说不定下一个女人比她们好一百倍呢。"

"看样子我跟你说什么都没用啊……"

故事中的刘先生就是个典型的七号性格者。在婚姻中，他们总是害怕付出，不愿担当责任，他们不断地更换恋人，以为下一个比现在的更好。很明显，这都是因为七号性格者的一些错误的心理导致的。

当然，除此之外，七号性格者的心理特征中还有需要调节的。

1. 学会完全地倾听他人

事实上，人际交谈中，我们固然有说的权利，但也应该学会倾听。倾听他人是一件有趣的事，能让你学到很多东西。当然，爱说话的你想要学会倾听也并非一件简单的事，为此，你最好坚持一段时间的练习。

和朋友进行交谈后，你问他这个问题：在我们的谈话的过程中，我说了多长时间的话？我有没有在你说话的时候打断你？

每天至少一次，和不同的人做这个练习。仔细地听他的回答，不要反驳，也不要解释说你为什么这么做，你的任务就是让别人对你的行为给予反馈，而不管你是否认同这一反馈。

2. 认识你的情绪

七号性格的人，学会认识和控制自己的情绪是最大的挑战。每当你产生冲动时，你要告诉自己冲动的结果，最终让自己免于一时冲动，这样能培养更好的判断力。

3. 学会独处

静默和独处是一个人认识自己内心世界最好的方法，少了外在的一些刺激之后，人们才会更信赖自己。因此，你需要记住，你并不需要总是和朋友腻在一起，也不总是需要网络和电视、音乐的陪伴，独处会让你免于焦虑。

4. 懂得付出

俗语说：施比受更有福。对此，你应该好好想想，你为什么在追逐快乐？因为你没有找到快乐的真正要义，物质的拥有并不能让你满足，精神上的满足才是真正的快乐，为别人付出，你会获得心灵上的充实。而如果你让你对物质世界的迷恋阻碍到这种深层满足，那么你就走错方向了。

5. 控制自己的欲求

你对美食、美酒等一些物质上的东西都有失控的倾向，这一点，你需要认识到。如果你放任自己的欲求，最后不但你所追寻的快乐会被剥夺，其他很多东西也一样被剥夺。

6. 管理自己的言行

可能你是个有幽默感的人，你有魅力、机智、气派，对你自己和他人都是欢乐的泉源。然而，小心你的言行，不要冒犯别人或言过其实，你可能会伤害别人，并损害你的人际关系。

慧眼
识人

人生在世，谁都渴望获得快乐，但我们可能没有意识到，也许在追求的过程中，忽视了真心的快乐是来自心灵。每一个七号性格者若能从以上几个方面进行心理调节，那么，就离一个真正快乐的七号不远了。

与七号性格者和谐亲密相处之道

七号性格者思维敏捷、富有创意，一生都在追求新鲜的体验。因此，曾经有人说，与七号相处是需要很大的包容心的。但无论是与七号性格者相处，还是对他们进行管理，都是需要更多的技巧，付出更多的耐心。对此，我们先来看下面这位上司是如何管理自己的七号下属的：

"在公司曾经做过的员工培训上，我发现小秦是个七号性格的人。后来，他在日常的工作生活中确实表现出了很多七号的特质。平时，他总是喜欢向周围的同事讲述自己的一些经历以及看过的书，一到长假，他就不见人影了，他太喜欢旅游了，也许这能让他认识很多新朋友；他很爱吃，估计整个北京市的美食都被他吃遍了，同事们笑他是个美食活地图；另外，周一到

周五，他就四处打电话，说晚上组局出去喝酒、唱歌。所以我觉得他大部分的工资肯定都花在了吃喝玩乐上。

不过提到工作，他倒是个很有激情的人，他一来办公室，原本死气沉沉的气氛马上就没了。他也很爱挑战，对于自己没接过的工作，别人不敢尝试，他总是会第一个站出来。尽管他平时做事有点虎头蛇尾，但我还是比较相信他的，交代过的事，我绝不过问，因为我知道七号性格的人是讨厌被束缚的。事实上，我的决策也是正确的，偶尔他还会超额完成任务。"

人们常说，没有不优秀的员工，只有不懂得管理的领导。了解每个员工的型号特质，选择适合的管理方式和激励政策会达到事半功倍的效果。我们发现，案例中的上司在管理七号下属上的方法是英明的，七号下属是不喜欢被管束的，无论是工作还是生活，他们都喜欢按照自己的方式来进行，不喜欢承受压力。细心的领导可能都发现，如果你给一个七号的下属规定了固定量的任务时，他们的工作情绪并不是很高，并且会有很多的不满情绪。但如果你只给他们下达任务，对于他们完成任务的数额、过程等不做过多干涉时，他们往往会给你意外的惊喜。因此，对于七号下属放手反而是一种很有效的激励政策。

那么，具体来说，与七号性格的人相处，我们应该掌握哪些技巧呢？

1. 以轻松、愉快的口吻交谈

与人交谈，他们最怕的就是闷、无聊、拘谨等，因此，与他们交谈，我们就应该为其制造出快乐的氛围，多倾听他们，即使他们说的都是一些空洞的梦想。

如果你希望他们能接受你的想法，那么，你更应该倾听，对于他们的这些不切实际的想法，你权当是与之分享想法的方式。当你提出与之不同的见解、方案时，当下他们可能会有些不适，可以给他们适当的思考时间，毕竟他们还是能接受意见的。

2. 告诉他们痛苦与快乐同在

他们毕生的追求都是快乐，他们讨厌痛苦，因此，他们总是在快乐计划着未来，或者总是停留在过去美好的回忆中，一旦出现不如意或者痛苦的

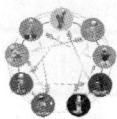

事，他们就会选择逃避或者变得焦虑。

为此，如果你是七号性格者的亲人、爱人或者朋友，你应该告诉他，人生并不只有快乐，痛苦常常与之相伴相生。只是追求快乐、物质的享受、感官的刺激，获得的并不是真正的、心灵意义上的快乐。若想获得成长，就必须要学会接纳和面对悲伤、痛苦的事实，并按部就班去完成事情。

慧眼识人

七号性格者最大的梦想是追求快乐，但同时，在痛苦面前，他们会选择逃避。因此，与他们打交道，我们既要制造出轻松的氛围，倾听他们伟大的梦想和计划，同时，我们还应该指出他们行为和观念中不足的地方，并给他们重新思考的时间，他们自然会判断是否接纳你的想法，或是找时间跟你进一步讨论。

七号性格者的闪光点

七号享乐主义者有些缺点：虎头蛇尾、不愿面对问题、缺乏责任心。他们认为快乐至上，追求变幻，有时让他人觉得无法信任。毋庸置疑，这是七号性格者应该进行改进的。但我们可能忽视了一点，他们身上同样有一些闪光点。例如，虽然他们像一个长不大的孩子，但他们也是传播快乐的天使，当周围人处于情绪低潮时，他们总是能用他们的正能量感染对方，让对方也快乐起来。对此，我们不妨先来看下面一则案例：

"终于等到十一长假了，我们几个好朋友商量好开车去郊外的一个大峡谷玩，其实，这是李乐的主意，他最爱玩，一到放假，他就闲不住，不过我们也同意了。

十一那天，我们早早地出发了，但好像天气不怎么好，天阴沉沉的，车子快行驶到山里的时候，就下起了雨。我一边开车，一边抱怨鬼天气，谁知道，车子一打滑，居然掉进了旁边的山沟里。我们很艰难地从车子里爬出来，雨下得越来越大了，天也快黑了，手机也没有了信号，我们根本没法向外界求救。我的心情坏到了极点：'难道我们要在这恐怖的山林里过夜，还要被雨淋？我们会不会死啊？''是啊，根本没有人发现我们掉进了这个山沟里。'旁边胳膊已经受伤了的另外一个朋友说。

'大家别怕，这雨不可能下一夜，路上无聊的时候我看了下天气预报，应该一会就停了，我们坚持一下。我知道大家很冷，我们来讲笑话啊，我先讲……'李乐这样鼓励大家，虽然在这样的环境下听笑话显得有点不合时宜，但我们还是被他的笑话逗乐了。说来也奇怪，过了会儿，雨真的停了，手机也有了信号，救援队很快来了。也许李乐真的是大家的幸运星吧，平时玩世不恭、只爱吃喝玩乐的他居然在关键时刻将大家带出了心理的黑暗，我想，以后我要对他改观了。"

故事中主人公的朋友李乐就是个七号性格的人，在外人看来，他们重视玩乐、不能担当，但在关键时刻，他们却有令人意外的表现，尤其是善于带领大家走出心理的低潮期。七号性格者总是能看到事物积极的一面，即使遇到困境，他们也会鼓励自己和他人，让大家重拾信心。

当然，七号享乐主义者性格中的闪光点远不止这点，具体说来，还有以下几点。

1. 创新意识和创新能力强

七号性格者喜欢创造性的工作，他们讨厌纷繁冗杂的工作，那些有挑战性的工作往往能挑动他们的神经。

在工作单位，他们总是能提出与众不同的想法，常让人刮目相看。

2. 为了兴趣而工作

在七号看来，对于工作，他们最看重的是兴趣，兴趣让他们充满了能量，他们愿意为一个有趣的项目、一个有意义的目标努力工作，而不是像他人那样为了薪水和个人利益工作。

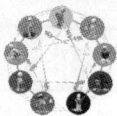

3. 积极、阳光

在生活中，我们难免会遇到挫折，有些人会被挫折打击得一蹶不振，有些人会变得得过且过，但七号性格者却总是表现出积极、阳光的一面。他们能从不好的境遇中找到曙光，还能感染身边的人，让他人也产生积极情绪。

4. 有趣

无论是七号性格者的爱人还是朋友，与他们打交道，你永远不会觉得沉闷。他们见识广博，总是有聊不完的有趣话题，总能绘声绘色地把你带入他们的有趣的世界中。

5. 有活力

无论年纪多大，他们总是散发着青春的活力，几乎拥有了世界上最乐观的世界观。正因为如此，无论他们遇到什么，依然能积极面对。

慧眼识人

我们不得不承认，享乐主义者的性格中有很多我们可能忽视的闪光点：尽管他们只在乎快乐，但他们是有活力的，能给周围的人带来正能量；他们虽然做事有点虎头蛇尾，但他们却以兴趣为工作出发点而不是金钱；他们还有着极强的挑战意识，常常能取得与众不同的成就。发现这些，能帮助我们全面地了解七号性格者，并帮助他们激发出这些优点。

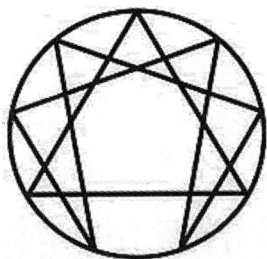

第10章
八号保护者——
保护支配的心理探秘与解析

　　八号性格者被称为保护者，他们愿意保护自己和朋友，积极好斗，喜欢挑战，喜欢压制别人，造成不必要的纷争，使周遭的人感到害怕。但改进后的八号性格者可以成为出色的领导者，也可以成为他人强有力的支持者。与他们相处，只能有两种模式：一是做个强者，让他们尊重你；二是受他们控制，让他们保护你，让他们觉得很有面子。

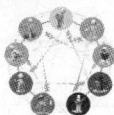

八号保护者的性格特征

八号性格者被称为保护者，顾名思义，他们天生对他人有怜悯之心，喜欢充当保护弱小者的角色。在日常生活中，那些喜欢挑战权威和为他人出头的人大多是八号性格者，他们公正无私，是天生的主宰者。那么，具体来说，八号保护主义者有哪些性格特征呢？我们可以总结为以下几点。

1. 关注正义，喜欢保护他人

他们是绝对不允许自己生活的世界里有弱肉强食的现象出现的，举个很简单的例子，即使他的父亲和母亲吵架，他都会站出来站在母亲面前，然后朝着自己的父亲吼叫；办公室里新来的实习生被欺负，他也绝对不会视若无睹，这是保护主义者的典型特征。

2. 天生喜欢权力和控制

寻求控制是保护主义者渴望公正的一种表现，他们最关注的也就是这点。很小的时候，他们就开始学会了为周围的人和事制订规则。例如，玩游戏时，他们会第一个走出来，告诉大家游戏的玩法；他们很小就学会了当家做主，像个小大人一样；长大后的他们无论参加何种活动，都喜欢扮演主事者的角色，而不愿意顺从他人。

在工作和事业上，他们渴望获得权力的欲望也是强烈的。他们认为，获得了领导地位，就可以更好地帮助自己和他人，维护正义了。

3. 真实，喜欢完全展示自我

这是他们与别人建立信任的办法，他们认为这样做，能消除人际间的很多未知信息。但他们可能忽视的一点是，这样做，他人就不得不接受某种立场。

4. 他们尊重公平的斗争

"我真不明白，他被上司这样批评还不反抗，要是我，早就反驳了，错误又不在他，他真是个懦夫，我不喜欢他。"

"我最不喜欢那些和事佬，他们太没有原则了，对就是对，错就是错，他们却黑白不分。"

"我绝不允许自己在不公平面前妥协，大不了一拍两散，没有冲突就不能解决问题。"

······

以上都是八号性格者的一些自述，他们鄙视那些避免冲突的人，尊敬那些面对冲突依然坚持自己观点的人，因为他们觉得自己也属于这样的人。

5. 具有进攻性

公开地、毫不控制地表达愤怒是八号性格者的一种典型反应。因此，在生活中，我们不难发现这一点，八号常常是那些破坏气氛的人。他们管不住自己的情绪，不顾场合表达愤怒，也因此常常得罪一些人。八号性格者是九型中受挫折最多的，目标坚定，容易撞得头破血流。

他们若是对你发火了，那么，这不是他们的本意，而是他们的本能，他们已经养成了这种看似有攻击性的模式。另外，可能你发现他们是不讲理的，但实际上，他们是在讲自己的理。和他们打交道，要先顺着他们。

6. 把过度看作克服厌倦的良药

想要让八号性格者下班后规规矩矩回家是很难的，即使他们已经很疲倦，他们还喜欢彻夜狂欢、暴饮暴食……

7. 他们是典型的"困难领导者"

越是遇到难题，他们越是能表现出控制场面的才能，最终脱颖而出。

"艾文能当上我们的科长一点也不奇怪，他本身就有领导气场，工作中遇到问题，我们都退缩了，他还能继续钻研。以他的能力，我想以后就是当上局长都不是问题。"

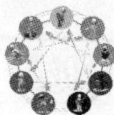

从保护主义者的性格特征中，我们不难发现，他们对于外界采取的是极端化的关注方式——"要么全有，要么全无"。在他们看来，周围的人要么是强大的，要么是弱小的，要么是公平的，要么是不公平的，没有中间类型存在。当然，这种心理会导致他们把他人和外在世界看得太过绝对，也让他们无法认识到自身的弱点。如果我们与他们打交道，应该让他们认识到充当保护者并不是寻找"安全感"的最好方法，即使帮助他人，也应该施以适当的力量。

八号性格的身体语言

在我们生活的周围，你可能认识这样的人：无论什么场合，他们似乎都是交际的中心，他们对人掏心掏肺，说话时总是带有很大的动作，并对人指指点点，甚至充满了挑衅……总之，他们给人的感觉就是一个彻底的控制者。他们就是八号保护主义者。反过来，从他们的身体语言中，我们能判断出他们的性格类型。关于他们的身体语言，我们先来看下面一个销售故事：

大学主修心理学的张然毕业后和很多毕业生一样从事了销售的工作。在几年的销售工作中，他学会了察言观色，懂得揣摩客户的性格和心理。目前，他加入到了一家汽车4S店，工作还不到一个月时间，业绩就超过了很多老员工。他有一套自己的销售方法。

这天，店里来了一个一身名牌的人，大步流星地踱步，看样子是个老板，其他销售人员迎上去，却被他支开了，随后，他一个人在店里闲逛。过了一会儿，他叫来张然："喂，你过来一下。"

"很乐意为您效劳。"

"你们店里生意很冷清啊。"

张然没想到他会以这样的方式开头，便顺着他的意思说："您真是好眼力，一下子就看出来了。实际上，每天像您这样来看车的人不少，可是买的人就少得可怜了。"

"那是因为你不懂得怎么推销。"他在说话的同时，左手叉着腰，右手指着一本宣传册，然后继续说："这几辆汽车的性能你都清楚吗？不清楚怎么向客户介绍？"

实际上，从以上这名潜在客户的动作中，张然已经大致判断出他的性格类型，这类性格最大的特点是同情弱者。于是，接下来，张然说："是啊，我们这些销售人员最主要的就是靠嘴皮子吃饭，一个月挣不了几个钱，还得养家糊口。像您这样的大老板，买一辆车太简单了，对于我们来说，可是想都不敢想的事，我们一辈子也存不了一辆买车的钱。所以我们最大的愿望就是客户能高高兴兴地买下车。"

"也是，你们的基本工资怎么样？"客户问道。

"基本工资是有一点儿，不过那点钱根本不够用啊，您也知道现在什么都涨价，唯独工资不涨。"张然发现，他的话似乎奏效了，因为此时客户脸上的表情已经由刚开始时的不屑变成了满脸的同情。于是，他赶紧趁热打铁："对了，您应该是对车很在行吧，一进来，就直接看了几款我们店的镇店之宝。"

"哈哈哈，在行谈不上，只不过是有一点了解。不过说实话，你们店的价格相对来说还是比其他4S店稍微便宜点，据说售后也还行。你把这几辆车的详细资料介绍一下吧，说实话，我也不知道买哪辆。"

听到这句话，张然知道，今天又要成功卖出去一辆车了。

这则推销故事中，汽车销售员张然是怎么做到成功推销产品的？他通过细致入微的观察，对客户的性格做出了大致判断。八号性格者一般动作都比较大，说话时喜欢指指点点，并且，与人交往之初，他们多半是有极强的防御性的，等到他们通过测试确定对方是安全人物之后，才会对人掏

心掏肺，主动交往。这就是这位客户刚开始不愿意让销售人员为自己介绍的原因。接下来，张然根据八号性格者的性格特征，开始展开心理攻势——服软、充当弱者的角色，最终，在客户的同情心被激发出来后，他便成功了。

　　爱充当领导者、控制者、保护者的八号，他们的性格特征在身体语言上也有所体现：手指指，教导式，大动作。当然，我们也不能把这些肢体语言的特征当成判断一个人是不是八号的唯一依据。对此，我们还可以综合考虑其他方面因素，比如，我们还可以根据他们的面部表情和语言密码来识别。综合几个方面考虑，能让我们避免为他人贴上性格标签。

八号性格者的语言密码

　　八号性格者的特性是指导者，他们的基本欲望是决定自己在生命中的路向，捍卫本身的利益，做强者；他们有着极强的控制欲望，不允许事情的发生不在自己的控制范围内；他们希望周围的人能唯他们马首是瞻，他们扮演的总是领导者的角色。因此，我们不难判断出他们的语言风格——命令、指导式。因此，如果你的爱人是一个八号性格者，你就不会因为他常常不称呼你的昵称而直接称呼你"喂"而感到奇怪了，也不要因为他常常对长辈说"我告诉你"而觉得他不懂礼貌了，这就是他的语言习惯而已。关于这点，我们先来看下面的案例：

　　迈克是一家外企的人事部经理，最近，因为公司人事调动，人事部急缺一位副总。毫无疑问，招聘的工作就落在了迈克的身上。

经过对简历的一番筛选，迈克发现一个叫王卓的人有着丰富的工作经验，便通知他来面试。

见到王卓以后，迈克发现，此人果真有大将风度——温文儒雅中带有一些领导者气质，这让迈克感到很欣慰。接下来，迈克决定和他谈谈关于公司人事部的经营问题。

"想必你在管理人事部门这一问题上有很深的见解，你能谈谈吗？"

"那倒是，我跟你说，我曾经……"

他的一席话让迈克有点摸不着头脑，迈克明明希望他谈点经验，他却一直在炫耀自己的功绩。

接下来，迈克说："那你认为我们公司的人员管理体制上有什么需要改进的吗？"

"我跟你说……"他滔滔不绝地说了很多，言下之意是公司的管理人员有问题，这让迈克心里很不舒服。以迈克多年的识人经验，他可以断定这个王卓是个八号性格的人，他觉得日后工作中要驾驭这样的下属实在有难度，再者，他随时都会对自己的工作产生威胁。因此，为了安全起见，他最终对王卓说："你回去等消息吧，若是被聘用的话，我们会通知你。"当然，真正的结果可想而知。

这则案例中，能力出众的王卓为什么最终没有被迈克聘用？因为他的说话方式让迈克感受到了威胁。八号性格者对人对事都有着极强的控制欲，他们希望自己能掌控一切，在与人说话时，他们会不自觉地透露出这种欲望。

另外，他们在语言表达上还有以下一些特色。

他们很喜欢居高临下地与人说话，以体现自己领导者的地位。比如，在称呼他人这一问题上，他们常常会直接说："喂……"可能在他们看来，称呼只是个代号，但这样称呼他人，难免让人产生一些不被尊重之感。

他们喜欢挑战权威，即使他们与领导的意见不一，即使父母已经告诉了他们最正确的做法，他们依然会坚持自己的想法，因此，他们会反驳："为什么不能。"

工作中遇到难题，大家都已经放弃，为了证明自己出色的能力，他们是

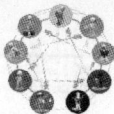

不会退缩的，而是会迎难而上，他们会说："看我的。"

他们喜欢证明自己是有能力充当保护者的角色的，他们会对那些弱势者说："跟我走……"

有一个八号性格者，曾经做过这样一件疯狂的事，当时，他的老师目睹了整个事件发生的过程。那时，他在上小学三年级，放学后，他看到一个五年级的高个男孩在欺负一年级的一个学弟，这个小男孩已经被弄得满身都是泥，害怕得躲在教室的角落里，但这个高年级学生好像还不肯放过这个小学弟，就在这时，已经在窗外看到事情整个经过的他冲到教室里面，拿起讲台上老师的凳子使劲地朝着这个高年级男孩身上砸去，然后他转身走过去对小男孩说："别怕，跟我走。"自此，他明白到若要避免受侵犯，必须要有权力和体力，就如所有强者一样。

慧眼识人

八号性格者的常用词汇有："喂"、"我告诉你"、"什么不能"、"去"、"看我的"、"跟我走"。其实，我们不难发现，这些词汇都向我们传达了一个信息，他们渴望掌控局面、掌控他人、好充当保护者。为此，与他们交往，我们不妨适当顺应他们，方能获得他们的支持。

八号性格者的内心真实需求

八号性格者最大的性格特征是控制，他们的基本恐惧是被认为软弱、被人伤害、控制、侵犯。他们告诉自己：如果我坚强及能够控制自己的处境，就好了。这就是他们的内心真实需求。那么，他们的性格是怎么形成的呢？我们先来看下面几位八号性格者的自述：

"在上幼儿园的时候，因为父母工作的关系，我们搬家了。刚搬来这里，那些小朋友根本不和我玩，他们不知道从哪里听来的词，竟然说我是'小蒜头'，因为我长得比较瘦小。他们一看到我就笑话我，我觉得很受伤，可是我不想告诉爸妈。有一次，我看见有个小伙伴被人欺负，我主动站了出来，我还打赢了那个欺负他的人，这一幕被他们看到了，从那以后，他们便对我刮目相看。我认识到，只有成为强者，才能让大家认同我。"

"上中学以前，我都是个乖巧的孩子，做什么事都说凑合，不敢出头。初一那年，学校要组织元旦晚会，我亲眼看到了班长拿着一根胶棒指挥大家唱歌时的帅气，同学们都听他的话，真是酷毙了。我告诉自己也要和他一样。后来，无论班上组织什么活动，我都努力参加。说来也奇怪，我发现自己好像真的变强大了。到了初三的时候，我的成绩提高了很多，学校的老师一提到我，个个都赞不绝口。到了高中的时候，我觉得自己已经有能力控制一切了。果然，高考的时候，我发挥得很好，顺利进入了国内的一所知名大学，我成了学校社团的领导者，很多人对我言听计从。我认为我是很有气场的。"

"我爸爸是个有大男子主义的人，小时候，我经常看到他支使妈妈做这个做那个，有时候，他喝了酒还打妈妈。那时候我还小，不知道怎么保护妈妈。到了五岁的时候，有一次，爸爸又发酒疯了，我很生气，当他准备扇妈妈耳光时，我站了出来，骂他：'你还是不是男人，居然打女人。'我的行为让他们很吃惊，爸爸的手放下了。从那以后，我认识到，原来保护人很有成就感。现在，我认为女性都是弱势的，我更喜欢保护她们，只要她们有困难，我都会帮助她们。"

......

从以上三位八号性格的自述中可以发现，他们性格的形成也与他们童年的经历有关。当他们还是孩童时，便亲眼看到了很多不公平的事，那些强势的人会欺负那些弱势的人，包括朋友被大龄的人欺负、父母双方不平等。每当看到这样的场面，他们就很气愤，但幼年的他们却无能为力，于是，在他

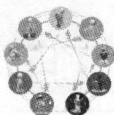

们心中，便种下了要锄强扶弱的种子。当他们长大后，一旦再看到这样的场景，他们就不自觉地想保护那些被欺负的人。

事实上，八号性格者保护自己和他人的方法通常都是激烈的，他们认为强就是强，弱就是弱。弱肉强食，优胜劣汰，这就是他们的世界观。比如，他们通常会采取攻击他人弱点的方式来测试他人，然后，他们看对方有什么反应："他们会不会报复？""当他们遇到强大的压力时，他们是不是会改变自己？他们是会说谎、造假，还是说出真相？"

他们总是在用怀疑的眼光审视世界。他们很少去研究他人的心理动机，而是把精力放到对双方力量的权衡上，会去研究对方的弱点。对方是无辜的，还是有罪的；是朋友，还是敌人；是战士，还是懦夫？

总结起来，八号性格者之所以喜欢充当保护者的身份，是因为他们想控制自己的生活，而一旦失去了保护者的身份，他们就会感到厌烦和枯燥。他们会选择其他方法来消耗自己过剩的精力，如打牌、通宵喝酒、干扰其他人的生活等。

慧眼
识人

　　八号性格者的外表都是强硬的，但实际上，他们只是为了保护自己，渴望找到依靠的心。自从他们目睹了很多人倚强凌弱的现实后，他们就开始把那份温柔埋葬在了心底，再也不愿向他人表露自己的温情。

八号性格者处理情感生活的方法

八号性格者的最基本恐惧是被人控制或驾驭，因此，与人打交道时，他们对人的防卫性是极强的，不让人接近，强化自己保护者的外壳以防止受伤。因此，他们在情感方面采取的是把自己隔离起来的方式。对此，我们也

从以下两个方面来看。

1. 对待婚姻爱情

八号性格者理想的爱情是一生一世地守卫伴侣，承担照顾对方的责任，他们是天生的保护者，他们希望自己的伴侣是比自己弱小的，希望自己能够完全拥有对方的心灵和思想。但他们常有一个矛盾——是否要依存伴侣。

因此，没有意识到自己的情感前，他们会通过各种方式拒绝真实情感，比如离开、认为无聊或者暗自谴责自己对他人的误导。而当意识到以后，他们就想要放弃强迫控制对方的欲望，转而向对方投降。

我们先来看下面一则爱情故事：

"他是个八号性格者，我们从相恋到结婚的过程是辛苦的。我们以前是同事，在我刚认识他的时候，就对他一见钟情了，我很清楚自己的情感，但他却不肯定，甚至在知道我喜欢他以后开始躲着我。

那时候，我们不得不一起工作，领导总是把我们安排在一组，其他同事看出了我们之间不大对劲，就开玩笑说："真是天造地设的一对。"他听完后很生气，为了这事还大闹办公室，与那人争辩。不过后来这事便不了了之了。

我明白，要想拥有这一段感情，我必须主动点。后来在工作的过程中发生了一件事，让我们的关系有了突破的进展。

那次，公司外派我们去另外一个地方出差。我暗自窃喜，一定要趁着这次机会拿下他。

工作任务倒不是很难，在完成了之后，我们还有很多时间，为此，我提议到处走走看看，毕竟来了一个新城市，他也同意了。

那天晚上，我们吃的自助餐，他是个喜欢暴饮暴食的人，在美食面前抵挡不住诱惑，便吃了不少。吃完饭之后他突然胃疼起来，我赶紧跑到药房给他买了胃药，去找服务员倒了热水，过了一段时间后，他才渐渐地好起来。我很生气地说：'自己胃不好，在饮食上就应该注意嘛，我看你真该找个人好好管你了。'

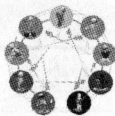

'你真是，怎么这么啰嗦，这不是没事了吗？不过刚才还真是谢谢你，要不是你，我真不知道该怎么办了？'他还是嘴硬。但在说这些话的时候，眼里装满了温柔。于是，我趁热打铁：'你就没有想过找一个女朋友？'

'想过啊，就是不知道我喜欢的那个人愿意不愿意？'听到他那么说，我心里乱起来了。

'你不说人家怎么知道呢？爱需要表达嘛。'

'好，那我现在告诉你，我喜欢的人就是你，我希望这辈子你都可以照顾我。'

······

现在他好像完全变了个人，再也不像以前那样故作高傲了，开始变得很依赖我，我觉得自己是全世界最幸福的女人。"

多么浪漫的爱情故事，故事中的男主人公是个八号性格者，女主人公在认识到这一点后，便展开了爱情攻势，最终收获了令人羡慕的幸福。从她的叙述中可以看出，八号性格者在爱情上会遵循这样一个过程：抗拒、否认—挣扎—依赖。一旦他们确认自己的感情，就会呈现出对爱情的绝对忠贞，对伴侣的绝对保护，这常让他们的伴侣感到很有安全感。

2. 人际关系上

与人交往之初，他们是极具防卫性的，甚至会采取完全对抗的形式来检测友谊。正因为如此，他们会让周围的人感到很难堪。而一旦他们信任某个朋友时，就会变得十分慷慨，愿意帮助朋友。当朋友受到欺负时，他们会站出来保护朋友。

为了保护自己坚强的外壳，他们设法逃避别人视为理所当然的情绪起伏。这样，他们就会制造出一种假象，让别人觉得他们是单面人。

他们喜欢参加各种聚会，和各种各样的朋友狂欢，他们有着超强的精力。

慧眼
识人

总结起来，八号性格者在两性关系中渴望最基础的真实，他们不会在意自己的公众形象，总是随心所欲，自然流露出真性情。而对于朋友，在确认朋友值得信任后，他们在时间和精力上都表现得十分慷慨，是典型的保护者。作为八号性格者的朋友或爱人、亲人等，如果我们想和他们和谐相处，不妨学会示示弱，学会理解他们，让他们承认自己的依赖性，那么，你就"收服"他了。

八号性格者的职场表现

九型人格中，八号性格者又被称为"保护者"，这是因为他们有极强的控制欲和保护意识。身处职场，我们也总是能看到这样一些人，他们无论处于什么样的职位，都想控制自己周围的一切。当然，根据他们在职场所扮演的角色的不同，他们在职场的表现是不同的。为此，我们可以从以下两方面进行分析。

1. 八号性格者作为员工

他们注重实际，对于工作能带给自己的利益问题，他们也常常会考虑；他们即使并不是领导，也会表现得像个领导一样，甚至会完全不顾真正的领导的存在；他们天生是反权威的，他们关注正义和保护问题，当他们的团队当中有不公道的事情时，他们可能会带领基层群众去和权威对抗，来拿回那份他们所认为的公平和公道。

另外，八号员工有极强的竞争意识，他们可以成为出色的团队成员，对他们感兴趣的工作，会一直坚持到累倒为止。因此，企业管理者如果能了解八号员工的性格特点并能运用正确的方法管理他们，那么，他们一定会为企

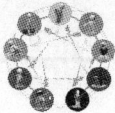

业高效地工作。

2. 八号性格者作为领导

不得不承认的是，八号性格的控制欲让他们成为天生的领导者。他们具有攻击性，不愿意授权，喜欢亲力亲为；他们有着超强的领导能力，在事业开拓期，他们常常有出色的表现，但一旦进入事业的平稳期，他们的领导才能就没有那么明显了。因为只有在竞争中，他们的能力才会被激发出来。

在领导工作中，他们常常会表现出以下特点。

（1）做事冲动，常常更改自己的指令。

刘主任是典型的八号性格者，他的职业是一家国企的培训师，他有几个助手，这些助手对他都言听计从。

这些助手刚开始跟着他工作的时候，对他的行事风格不了解，常常被刘主任弄得团团转。比如，今天他有一个想法，然后他就吩咐助理去办，但就当助手做好一切准备工作后，他的想法又变了。经过几次的折腾后，这些助手都变精明了，当刘主任对他们下达指令的时候，他们并不立即执行，而是先等一等。如果刘主任上午提出这件事要办，他们会等到下午，如果刘主任再次强调了，他们才会去办。

这里，刘主任的行事作风从一定程度上反映了八号管理者在管理过程中做事比较冲动、决策过快这一特点。

（2）强权式管理。

八号性格者在管理的过程当中，喜欢强权式的管理方式，这也是他们好控制的性格特征的一种表现。

（3）目标明确，方向感强。

八号性格的领导有着强大的毅力，他们常常能带领团队迎来成功和辉煌。对于他们来说，可能并没有很清晰的目标，但却有着很明确的方向。比如，在创业或者经营企业的过程中，他们会告诉自己，我一定要把企业做大，而至于要做到多大，他们并没有固定的标准，但总的来说，壮大企业就是他们的方向。

（4）手腕强、大刀阔斧。

如果他带领的是一个团队，那么，在遇到问题时，他一定会披荆斩棘，不畏艰难险阻。

（5）武断、听不进去意见。

八号性格的领导者是很有力量的人，他们在做决策时候很少拖泥带水，但是这样也会带来一些负面影响。他们在做决策的时候，越是遇到有人反对，他们越是会固执己见，而到头来，他们往往发现自己错了。

刘云是一个八号性格的人，她是一名女企业家，经营着自己的房地产公司，因为善于管理，几年来，房地产公司经营得非常好。

后来，她准备拿下一块地，但因为这块地和政府有某些关联，很难批下来，公司很多干部都告诉她不要把精力放到这件事上了，但她就是不听，坚决要把这件事做成，当然最后，她买下了这块地。

不料，她盖的这几十栋居民楼即将封顶的时候，政府的政策却变动了，前期的投资全部石沉大海，她为此后悔不已。

的确，八号是个喜欢对抗的号码。越听到不同声音，他们越喜欢坚持己见。这个时候他们可能赢得胜利，但可能也会付出代价。

慧眼识人

八号被称为是领袖型，在他们的性格中有主持公道、伸张正义的特点。在职场中，八号员工喜欢挑战权威，喜欢竞争；而作为管理者，他们喜欢控制，喜欢与人唱反调，但同时他们又是具有领导能力的。在工作中，如果我们的周围也有八号性格者，那么，我们一定要根据他们的性格特征和处事模式，满足他们的控制欲，但同时又要善意地提出忠告，这样，才能避免他们因为一时的情绪而做出错误的选择。

与八号性格者和谐亲密相处之道

我们都知道，八号是九种型号中最具有领袖潜力的人。他们追求公平、正义，喜欢保护他人，但同时他们也追求权力、讲求实力，有着强烈的好胜心及控制欲。另外，他们极具攻击性。因此，在生活中，遇到八号性格者时，我们是需要掌握一定的技巧的。具体来说，这些技巧如下。

1. 顺从他们，即时满足他们的要求

九型人格中，一号也和八号一样追求公平、正义，但一号追求的公平是真正的、绝对意义上的公平，所有人在同一规章制度下都是公平的。而八号则不同，他们追求的公平是把自己排除在外的。他们喜欢把自己摆在一个较高的位置上，然后俯视其他人。他们内心的想法是："我可以做到对你们所有人公平，但你们不要奢望可以试图与我处于同等的地位上。"基于此，对于八号的要求最好要即时满足，但请求八号做事情时却需要等待。当然，如果我们能按照他们的要求完成任务，那么是会获得他们的肯定的。

2. 不要指望八号能主动认错

八号是个独断专行的人，无论做什么事，周围反对的声音越大，他们越是坚持自己的想法，即使认识到自己的错误，他们也不会承认，除非他们始终坚持自己错误的观点而遭遇重大的挫折才会自我反思，因为他们已经习惯去记住别人做错的部分和自己做对的部分。

因此，如果他们在你面前发脾气，你千万不要与之对着干，最好的处理办法就是首先痛心疾首地承认自己做错了，真诚地道歉，然后静静地听他们把火发出来。

3. 让他们自己做决定

在八号看来，似乎自己永远是对的，别人永远是错的，对抗与否定就是他们应对这个世界的方法。即越不让他们做什么，他们反而越会做什么。他们喜欢命令别人，却不愿意被别人支配。当被要求做一件事情的时候，他们会本能地抗拒，其背后的声音就是"我为什么要听你的？"所以最好要由他

们自己做决定。

"儿子从小就是个倔强的孩子，我想他应该是个八号性格的人。以前我曾尝试着管他，但后来我发现，他喜欢和我唱反调，可能这就是他的性格，所以后来无论什么事，我都让他自己做决定，那么，即使他犯了什么错，他也有责任自己承担。"

4. 以诚相待

可能很多人认为，八号性格的人是很难相处的，因为他们就像一个暴君一样，需要极大的隐忍与顺从。但其实他们的内心是天真的，容易心软，而且，他们豪爽仗义，只要被他们认可的朋友，无论遇到什么困难他们必定鼎力相助。要想成为他们的朋友，其实很简单，做最真实的自己。八号很讨厌虚假的行为，尤其讨厌诸如说小话等不光明、不磊落的行为。在八号面前当你真实地表现出他们所没有的特质时是很容易得到他们的认可的。八号需要被尊重的感觉，在八号面前最好要做到尊重但不卑微，直截了当而不盛气凌人。

总之，跟八号性格的人相处的秘诀便是慈悲心。他们认为向别人示弱，就会受到别人的攻击。因此，要让他们了解承认自己弱点的人才是真正的强者。

事实上，在生活中，无论是与八号还是与其他性格类型的人相处，需要的不仅仅是技巧，更重要的是要用心。只有用心去感知一个人，了解一个人，我们才会知道如何去关心一个人。

慧眼
识人

　　八号性格的人"固执"于追求正义。他们对自己判断正义的标准深具信心，并认为纠正不义的行为是自己的使命。他们喜欢批评别人，对于不同的意见则充耳不闻。他们喜欢压制别人，造成不必要的纷争，使周遭的人感到害怕。

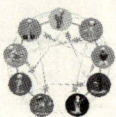

八号性格者如何调节心理

九型人格中，八号性格者具有以下特征：他们是天生的领导者，他们希望有控制意识，以抗衡滥用权力的人，保护那些不能自卫的人，并为有价值的事业而战。然而，同时，我们不得不承认的是，他们的性格中也有很多需要弥补和调节的部分。如果你是个八号性格者，你需要从以下几个方面进行自我调节。

1. 自我认知，认识到自己的不足

自我认知是进行调节的第一步，只有认识到自身性格的不足，才能进行调节。一般来说，你需要认识到的是：

自己是爱挑衅的，总是喜欢从身边的人中寻找对手；

自己对于一段关系总是要求有明确的定义，把斗争视为发展信任的一种方式；

他人的行为也可能是符合逻辑的、正确的，并允许他人坚持自己的观点；

自己在情感关系或心理治疗中，总是要求建立清楚的规则，但是一旦建立了规则，又渴望破坏规则；

自己的颓废其实是感情的一种流露方式；

自己认为的公正、公平其实并不包括自己。

2. 做出以下调节

（1）克制自己的愤怒情绪

八号性格的人似乎没有哪一天不是气呼呼的，天气不好会生气，饭菜难吃会生气，他们天生大嗓门，话里总是充满攻击性，身边的人总是会被八号伤害。而当你告诉他，我被你伤害了时，他还会觉得莫名其妙："我就是这样说话的呀。"因此，对于八号自身而言，你可能每天要反省一下，我今天说话是否嗓门太大了；我今天跟别人在一起的时候，是否忽略了他们的感觉。

（2）不要总是与他人过不去

八号性格者是喜欢对抗的，有时候，他们喜欢通过挑战对方的耐性来检验对方的忠诚度。比如，他们常常会和伴侣吵架，吵完架之后，他们会很痛快。但作为八号性格者，你想过没有，你是很舒服了，对方却可能被你这种气势吓倒了。这个时候，你最好要学会问一下自己，自己与别人这种对抗真的有意义吗？

事实上，你要明白，在这个世界上，并没有人要与你过不去。你周围的那些亲人、朋友都是关心你、爱护你的，而你的对抗却常常让他们觉得你不可靠近。因此，你若想拉近与他人之间的关系，就必须放下你的对抗心理。

（3）做决定前先进行周全的考虑

当身边的人越有不同的意见的时候，越容易促使八号尽快做决定。事实上，很多时候，正因为他们这样的行事作风，导致了他们的决策失误。因此，作为八号的你，在做决定前不妨先综合考虑，多听听他人的意见。

（4）试着求助他人

典型的八号保护者希望万事自力更生，不愿依靠别人。但事实上，连他们自己也没有意识到，他们不知不觉地依赖很多人。例如，如果你经营自己的一家公司，你可能认为那些员工是因为有你才有了一份工作，才能生存，他们是依赖你的。但实际上，等到你的公司到达一定规模的时候，你一个人根本无法处理所有事，此时，你必须依靠他们。

实际情况是，无论做生意还是处理家庭事务，无论你的自力更生能力有多大，你都必须依靠别人的力量帮助你更进一步。

（5）不要高估自己的力量

八号性格者往往高估自己的力量，他们一旦拥有财力、物力或者某方面的能力，他们就会变得为所欲为，感到自己很重要，希望借此使别人心生畏惧，迫使别人服从。但是，你可能没有意识到的是，那些被你吸引的人，很多时候并不是真的发自内心爱你，他们是冲着你的某些利益而来的。

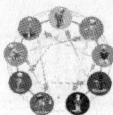

慧眼
识人

　　如果你是一名八号性格者，那么，你最需要做的调整就是学会屈服，偶尔向别人表示妥协和屈服不会让你损耗力量。另外，你也应该学会尊重别人，允许别人有自己的方式，你不必害怕这样做会牺牲自己的权力，或者牺牲你真正想要的东西。如果你开始渴望支配身边的每个人，那么，这是一个危险的信号，它表明你开始自我膨胀了，你会不可避免地与别人发生更严重的冲突。

八号性格者的闪光点

　　保护者天生喜欢权利和控制，他们喜欢放纵自己，但事实上，他们很难了解自己内心最深处的希望和目标。他们喜欢对抗、斗争、制造麻烦，让人觉得与之交往很有压力。因此，任何一个八号性格者，都应该努力调整自己、完善自己。当然，我们也不能否定他们性格中的闪光点，比如，他们是保护者，他们追求公平和正义，他们有着极强的领导才能等。为此，我们不妨先看下面一个案例：

　　"说实话，平时真的挺讨厌他的，我才是领导，但我说什么，他都好像故意跟我作对似的，有几次我真的想直接找个借口把他开了算了，不过幸亏我没有那么冲动，要不是他，也许现在我的公司都倒闭了。

　　半年前的一天，我和平时一样来上班，员工们也都到了，这天是发工资的时间，我打电话给会计小张，想让他把这个月大家的工资核算一下，但奇怪的是，电话没人接，我进了他的工位，才发现他根本就不在。我有种不好的预感，肯定出了什么事，接下来我开始打他手机，也没人接。难道他卷了公司的钱逃了？接下来，我赶紧查公司的账户，天哪，真的如我所料，公司

账户上的钱都没了。我当时就懵了，我辛苦十几年创下的公司就这么没了？

无奈，我不得不把员工都叫到会议室，把事情都跟他们说了，在听到公司的状况后，员工们都垂头丧气地回到了办公室，然后接下来，我收到了很多辞职信，我的心情坏到了极点，大脑一片混乱。

但就在这时，销售部的负责人老杨对那些正在收拾东西要走人的员工们说：'大家听我说一句，我们在这家公司工作的时间也不短了，有些老员工大概也工作十年了吧。现在公司有难，我们怎么能袖手旁观呢，不就是一个月工资发不下来吗？我们这个月努力工作，下个月不就能发下来了吗？再者，我们现在去报案，说不定也能找到小张……'当他说完这一番话后，一些员工被感动了，他们留了下来，当然，大部分人还是走了。

是啊，老杨都没有放弃，我有什么理由放弃呢？我对剩下的员工们保证，如果我们能走出低谷，他们从今以后的工资翻番。

老杨的能力是有目共睹的，月底的时候，他把业绩表拿给我——他居然创下了公司有史以来的销售新高，他开玩笑地说：'事在人为嘛。'第三个月的时候，公司有了新的突破，就在这时，老杨又告诉我一个好消息，他通过几个亲戚找到了小张，不但追回了大部分钱，还把小张移交到了公安局。看来，我要重新去看待这位我曾经认为除了脾气坏一无是处的员工了。"

从这个案例中，我们可以再次证明一点，八号人格是典型的"困难领导者"，越是面对困难障碍，他们越是表现出对领导权的忠诚，越能脱颖而出，直接面对挑战。故事中的员工老杨就是这样的人，平时工作中，他的确有点趾高气扬、脾气坏，但在公司遇到危难时，他却能主动站出来表明自己的立场，并用实力实现了自己的承诺。

当然，八号性格者的闪光点还有很多。

1. 有正义感

八号也是非常有正义感的一个类型，他们愿意为弱小者出头，愿意挑战权威，浑身充满正能量。他们是天生的领导者，也有很多人愿意追随他。

2. 有勇气，有自信

他们有勇气，有自信，不惧困难，不畏艰难险阻。

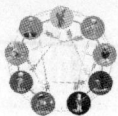

3. 有爱心

八号性格者虽然看起来大嗓门，给人一种爱挑衅的感觉，但他们的骨子里面是有爱心的，愿意去保护身边的人。这是他们身上所显现出来的一些正面特征，也会为他们的工作和生活带来积极的一面。

4. 真实

他们最憎恶那些弄虚作假的人，他们不但要求身边的人以诚相待，自己对待他人也是这样。

5. 慷慨大方

无论是物质还是精神上，他们都愿意为他人付出，尤其是对于朋友，只要朋友有需要，他们绝不会袖手旁观。

慧眼识人

八号性格者身上有太多闪光点，如自我肯定、自信、坚强、具有权威性、性格主动、愿意保护其他人，并用他们的力量去带领别人。当然，这些优点都是健康状态下的八号才拥有的。因此，如果你是一名八号性格者，那么，你一定要学会自我控制，学会完善自己。

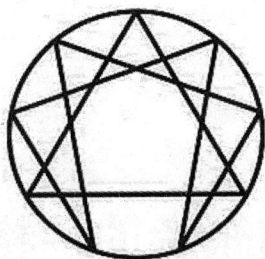

第11章
九号和平者——
与世无争的心理探秘与解析

在生活中，有这样一群人，他们内心平和、与世无争，但他们却办事拖拉，不愿意面对问题。他们就是九号和平者。他们的性格特征还有哪些？该如何与他们相处呢？本章讲述的就是九号和平者在顺逆境中的表现、他们的工作事业、他们对待情感的方式、他们的语言模式等。当然，在与九号性格的人交往中，需要足够的耐心，也需要对他们的行为特质进行适当的包容和理解，并帮助他们认识到自己的需要，使之成为一名健康的九号。

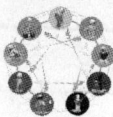

九号和平者的性格特征

九型人格中，最后一型被称为和平型，这是因为他们典型的性格特征就是和事佬。他们的基本恐惧是失去、分离、被歼灭；基本欲望是维系内在的平静及安稳。他们常常对自己说，如果我身边的人过得好，那么，我也就好了。他们很容易自满，他们不喜欢团队中的冲突，总是试图建立和谐、稳定的关系。当他们不健康时，他们会变得固执、疏忽、没有工作效率等；在他们的最佳状态时，他们能够协调差异，将人们聚集到一起创造一个稳定而有活力的环境。对于和平者的性格特征，我们不妨先来看看九号性格者自身的表述：

"我是个很容易知足的人，我没有大的野心，工作对于我来说，只是为了获取生活的资本和自身的尊严而已，我不会把太多时间花在工作中。如果让我在家庭和工作中选择，我肯定会选择前者。"

"周末的时候，我不喜欢和同事们出去疯玩，而喜欢待在家里，看看电视、上上网，和爱人一起弄点小吃，这样我就觉得挺好。"

"我向往的生活很简单，只要生活安宁、心境安宁就好了，我是不是太甘于平淡呢？"

"我所在的办公室是个尔虞我诈的地方，经常无意中我会看到大家在邮件中互相攻击、打小报告、划清界限，我在想，这些事情真的有必要发生吗？如果大家互让一步，和和气气，事情一早就解决了，工作一早就完成了，犯不着绕这么大个圈子，又增加大家的芥蒂啊！"

"我从不惹事，即使别人攻击我，我也是能忍则忍。我也很少生气，只是摆一张臭脸，将别人气走。"

"如果有问题发生了，我会尽力不去想，希望过一阵子，情况会好转，然而奇迹通常不会发生。可能我有逃避罪恶感的习惯，如果事情是因为我而起的，我更加不敢去想象。"

……

从以上几名九号性格者的自我表述中，我们大致能总结出他们的性格特征，具体来说，有以下几个方面。

1. 甘于现实，不求调整

九号性格者通常对自己的现状比较满意，他们不会争名好利，不爱出风头和邀功。在工作中，当别人都积极进取的时候，可能他们会宽慰自己："现在这样就挺好的，何必争来争去的呢？"

2. 消极被动

他们很少主动去做什么事，他的活力靠外在的来源，常需要外在的刺激。

生活中的他们经常懒懒的，一副无所事事的样子，不是在看电视、睡觉，就是在吃东西。

3. 愿意顺从他人而调整自己

人际交往中，假如他们遇到冲突，会选择压抑自己、调整自己来维持表面的和平。他们认为，冲突解决不了任何问题，只会带来问题，因此，他们更愿意妥协。

4. 情绪稳定，值得信赖

他们不随便冲动，很好相处，给别人平衡的感觉，成为人们情绪稳定的中枢。他们是可以信赖的人，善于和难来往的人交往，常能带给人自由。

他们很少会发脾气，很能带给人喜乐，是和平的制造者。

"我们都很喜欢和老刘打交道，在单位十几年，我们几乎没有看到他发脾气，也许他根本没有脾气吧。不像有些同事，根本就开不起玩笑，总把我们说的每一句话都当成恶意的。"

能接受人与人坦诚相见，开放自我，能够为他人、为世界付出；不伪装，天真，诚实不狡猾。

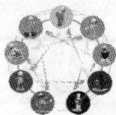

　　总结起来，九号和平者的性格特征有：平静、亲切、自制、和善、温和，愿意支持他人，即使对他人有敌意也不会直接表达，但欠缺判断力和主见、自信等。

九号性格者的身体语言

　　九型人格中，任何一种性格都有其一定的外在显现，如说话、动作、神态等，了解这些，能帮助我们成功识别他人的性格类型。对于九号和平者而言，他们最明显的性格特征是：甘于现实、为人被动、对生命表现得不太热衷。因此，相对于其他性格积极的人，他们在身体语言上的表现也多半是消极的、无张力的、柔软的、东倒西歪的。关于这点，我们先来看下面一个故事：

　　"我是一名九号性格者，我很了解自己，虽然我受过高等教育，有着一份很好的工作，收入也很好，但我骨子里并不是和别人想象的那样是个女强人，我很甘于现状，我不喜欢和别人争来争去。

　　在择偶上，我觉得还是性格互补的好，所以我告诉自己，不要找一个和自己一样的和平者，我可不愿两个人一到周末都变得懒洋洋的，那样生命就显得太没有热情了。我更希望找一个热情、积极的男人，希望他能感染我。

　　可惜的是，我已经30岁了，周围的姐妹已经纷纷结婚了，无奈，我不得不加入相亲的大潮中，我并不排斥这种结交异性的方式，也许真的能认识一个和自己很合适的人呢。在我的相亲经历中，有一个男士给我的印象很深刻，后来，我们成了很好的朋友。

那天，天下着雨，我比预约时间早到了二十分钟，于是，我就选了咖啡厅靠窗的位置坐了下来，我在想，既然都下雨了，那人应该不会来了吧。但事实上，他居然踩着点来了，并且很有礼貌地跟我打了招呼。

他给我的第一印象非常不错，这样一个彬彬有礼的男士相信谁也不会讨厌。但接下来，我从他的身体语言中发现，他和我是同一类人。

他虽然块头不小，但在介绍完自己后，就整个人瘫坐在沙发里，并且，无论我们聊什么，他好像都不大愿意更换自己的坐姿，我想那对于他来说应该是最舒服的。除了刚开始见面时，他冲我微笑了一下之外，后面，他就一直呆若木鸡般。

为了使整个谈话的气氛不那么僵硬，我开始主动找话题，我发现，我们惊人的相似，他也说原本准备周末在家做一道小点心，看看电视，他也在一家国企干了五六年了，他也总喜欢为他人调节矛盾……

聊到最后，我们都发觉有点相见恨晚。

后来，我们再联系时，完全没有因为相亲失败而苦恼，相反，我们为交到一个好朋友而高兴。"

物以类聚，性格相似的人很容易成为朋友，故事的主人公和他的相亲对象的结交经历就证明了这一点。她很清楚自己的性格类型，也清楚自己需要什么性格类型的伴侣，因此，通过观察相亲对象的肢体语言——瘫坐在沙发里和呆若木鸡般的表情中大致了解出了对方的性格后，她发现彼此更适合做朋友。

在生活中，我们的周围也不乏这样一些和平者，他们很容易满足、不思进取，他们很少像其他性格者一样热情、满脸洋溢着笑容。但这就是九号，他们是九型人格中最懒的一类。他们很迟钝，对周遭世界反应很慢，他们没有把能量放在自觉和自我提醒中，也不愿花大力用在内心及外在真实的世界，于是他们逐渐生活在假象及虚幻的世界里。

慧眼
识人

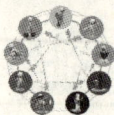

　　总结起来，九号性格者在身体语言上的特征是：柔软无力，东歪西倒。同样，我们也不能把这些肢体语言的特征当成判断一个人是不是九号的唯一依据。除此之外，他们的面部表情、神态、语言密码也是我们应该考察的，综合多方面判断，才能让我们避免为他人贴上性格标签。

九号性格者的多层次心理描述

　　任何一个人，他的性格属于哪种类型，是受其基本欲望控制的。因此，很多时候，尽管一个人的某种性格特征并不是很明显，但抛开这些枝叶，我们还是能判断其性格类型。对于九号性格者而言，他们的基本性格特征有：甘于现实，不求调整，为人被动；对生命表现得不太热衷，有颇强烈的宿命论，一切听天由命；强调别人处境的优势；逃避面对自己未能有理想的成就。然而，这些描述是从客观的角度评述的，不同心理状况下的九号性格者表现出来的行为特征也是不同的，这也就形成了九号性格者的多层次心理。这里，我们将其大致分为以下三大方面。

　　1. 健康状况下的九号

　　此时的九号能表现出很多优点：

　　情绪沉稳，对待生活抱有轻松的态度，相信自己和别人；

　　真诚、简单、有耐心；

　　乐观，愿意支持他人；

　　给人舒适的感觉，令团队和谐；

　　接受能力强，容易接纳，不以自我为中心。

　　我们先来看下面一个案例：

老张在一家国有单位工作，几十年来，他一直兢兢业业，在单位的名声很好。尽管他不是领导，但全单位上下，无论领导还是员工都对他恭敬有加，但凡同事之间产生了什么矛盾，他们都会找老张来调节。

上个月的一天，小秦和小韩因为会计把工资算错了而在办公室大闹起来，小秦的意思是小韩应该把多拿的五百块钱还给他，而小韩则认为这是会计的问题，小秦应该去找会计算账，两人闹得不可开交。结果老张的一番话就让他们认识到了自己的自私、小气。

当时老张在外面办事，另外一名同事打电话让他快快赶回来。当他回到单位的时候，很多其他部门的同事正围着他们，而他们也唇枪舌剑。老张赶紧走过去："瞧瞧你们都什么样子，大家都同事五六年了吧，竟然为了几百块闹起来，至于吗？一人让一步又怎么样？"他的一席话说得二人哑口无言。老张继续说："小韩，我先说你，你明知道你的工资中没有那五百块，为什么不愿拿给小秦呢？你也知道小秦有两个孩子要养，你还单身，怎么不体谅他呢？再说你小秦吧，小韩平时也没少请你喝酒、吃饭吧，五百块又算什么呢？"

两人听完老张的话，都低下了头。接下来，老张继续说："这样吧，晚上我请你们俩一起吃个饭，这事儿就翻篇儿了，不过得你们俩买单啊。"一句话让在场的所有人都笑了。

这则故事中的老张可以说是个受人欢迎的九号。我们可以发现，在调节人际关系时，他能做到不偏不倚、帮理不帮亲、同时批评，并以幽默收尾，从而让当事人心服口服。的确，最佳状况下的九号能充分发挥自己性格中的优势部分，能和别人建立深厚的关系。

2. 一般状况下的九号

逃避冲突、将他人理想化、跟随他人的思想和意愿甚至违背自己的心愿。

呆板，不懂得反思，注意力不集中，因为不愿受到别人的影响，会变得反应迟钝和容易满足，逃避问题，很多时候只会幻想，当这些思绪形成后，却又表现得漠然。

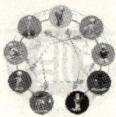

情绪上懒散，对事情漠不关心，尽量把问题缩小，姑息他人，可以为平息纷争而付上任何代价。

3. 不健康状况下的九号

可以变得极度压抑，动作缓慢和没有效率，对问题感到无能为力。

变得顽固，将自己和所有矛盾隔离。

任何会影响自己的事都无法感知，甚至使自己不能运作，麻木和失去个性。

他们会严重失去方向和紧张，躲在自己易碎的壳中，更有可能会变成多重性格。

慧眼
识人

　　从以上三个方面的分析中可以发现，同是九号性格者，心理层次的高低决定了他们的性格特征是否明显，心理是否健康。因此，假设你是九号性格者，那么，了解九号性格者的心理层次，就能帮助你认识到自己的心理是否健康，看到自己的行为动机，最终帮助自己实现更高层次的转换。

九号性格者的语言密码

　　我们生活的周围，有这样一群人，他们内心平和、与世无争，却办事拖拉，不愿意面对问题。他们就是九号性格者。他们是天生的和平者，他们告诉自己，只要我身边的人好我就好。因此，我们不难发现，在生活中，他们常常把一些口头禅挂在嘴边："随便啦"、"随缘啦"、"你说呢"、"让他去吧"、"不要那么认真嘛"……从这些常用词汇中，我们也很容易看出

他们的性格特点。因此，了解九号性格者的语言密码，能帮助我们识别他们的性格类型。我们先来看下面一个案例：

老刘现在已经四十岁了，他是个典型的九号性格者，从年轻时候开始，他就变得好像什么都无所谓的样子。

他和朋友出去吃饭，朋友问他要吃什么，他说："随便啦，怎么样都行。"

后来，到了结婚的年纪，家里父母开始着急了，问他的个人问题，他的回答是："随缘吧。"再后来，经过亲戚介绍，他认识了现在的妻子，家人问他对女孩子的印象，他回答："你说呢。"看样子，从他嘴里，永远问不到一个明确的答案。

儿子上小学后，变得调皮、不爱学习，妻子为教育孩子的事头疼得不得了，他倒安慰妻子："让他去吧，儿孙自有儿孙福。"妻子气不打一处来，他一笑了之。

单位新来的小伙子在工作上很认真，经常大家下班后他还在工作，老刘看到后，对他说："年轻人，不必要那么认真吧。"一句话让小伙子丈二和尚摸不着头脑。

……

老刘就是这样的人，无论做事还是说话，他总是不紧不慢的，总是表现出一副漫不经心的样子。在单位的十几年时间，他从来不招惹其他人，即使有人看不惯他，在背后说他的不是，他也会对自己说："算了，随他去吧。"

不过，正是因为老刘的"无所谓"，在单位几次大的人事变革中，他都有幸留了下来。有时候，妻子对他说："表面上看你是个碌碌无为的人，其实你是大智若愚呢。"对妻子的夸奖，他的态度依然是："还好还好。"

可以说，故事中的老刘就是个典型的九号性格的人。其实，生活中不全是这样的人，无论是在工作还是生活中，也无论发生了什么样的事，他们不会有太多自己的主见，只要周围的人都平平静静、安安稳稳就好。

除了常用词汇，在讲话方式和语调上，他们也有自己的特点：说话中心不突出，声线低沉、缓慢。我们很难看到一个九号性格者会和八号一样对周

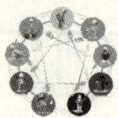

围的人指指点点，他们总是漫无边际地说话，甚至有时候，可能连他们自己也不知道要表达什么；他们也不会和三号性格者一样说话大声、声线不尖不沉，他们说话时的声线是低沉的、慢悠悠的。因此，总体上，他们给人的感觉就是对什么都无所谓的样子。下面是一个妻子对她的九号性格者丈夫的描述：

"我们虽然结婚八年了，但我一直认为我们性格太不一样了，平时，无论我说什么，他似乎都没有意见。这让我很苦恼，我觉得和他连架都吵不起来。经常，我们之间出现的情况是，我气呼呼地骂他，他好像一点儿反应都没有；若我真的说到了他的痛处，他也不会大声和我对骂，而是小心地嘟囔着。他就是这样一个人，不过可能正是因为他的好脾气，才容忍了我这么多年。"

慧眼识人

九号性格者的常用词汇有："随便啦"、"随缘啦"、"你说呢"、"让他去吧"、"不要那么认真嘛"……其实，我们不难发现，这些词汇所要表达的都是九号性格爱好和平、和事佬的特质。在生活中，与他们交往时候，我们会感到很轻松、惬意。

九号性格者的内心真实需求

九号性格者的典型特征是和事佬，他们的基本恐惧是失去、分离、被歼灭。同样，他们性格的形成和他们童年的经历有某种关系，他们是从小就被忽视的孩子，他们的观点很少被大人听见，别人的需要总是比他们的需要更重要。逐渐地，他们学会忘记自己，学会知足常乐，学会寻找爱的替代品。他们学会了如何维护和平，如何站在中间倾听各方意见，却不知道自己的观点是什么。最终，他们的内心进入催眠状态，他们的注意力从真实的愿望上

转移出来。

因此，我们可以看出来，九号性格者之所以爱好和平并充当调节者，是因为他们认识到他们自己的想法得不到重视，他们只能麻醉自己，分散自己的精力，让大脑把自己忘记，而他们的内心真实需求就是得到重视。我们先来看下面的故事：

"我们家有三个孩子，我上面有个哥哥，下面有个妹妹，从小到大，无论是爷爷奶奶还是爸爸妈妈，他们对哥哥妹妹的爱似乎总是多一点。哥哥是长子，比我大5岁，见识的东西也多，学习成绩也很好，他说的话，大人会很在意；妹妹还小，爸妈也很疼她；唯独我，好像可有可无的。

记得七岁那年的春节，爸妈问我们想要什么礼物，哥哥说想要买一辆山地车，妹妹说想要一件粉色裙子，我的愿望是想要一个排球。可是最终，他们的礼物都收到了，我收到的却是一个篮球。我不明白爸妈为什么会记错，可能是他们真的不爱我吧。事实上，这样的事情不止一次地发生，他们经常会问哥哥妹妹晚饭想吃什么却不问我；他们会认为我和哥哥一样喜欢黑颜色；他们会让我让着妹妹，无论妹妹有多无礼……后来，我认识到，我在这个家是被忽视的，我也就不再向父母提任何要求了。我想，只要全家人都好好的就行了。

在后来的成长过程中，我学会了让步，只要是哥哥妹妹喜欢的，我绝不争，他们吵架了，我也会出来调解。

长大后，我们相继成家立业。我的妻子脾气不怎么好，但无论她说什么，我都不会和她计较，我觉得没什么好争论的，一家人过日子，最重要的就是和睦相处嘛。因此，外人常说我是新时代的好男人。"

从这位九号性格者的自述中，我们看到了他妥协性格的成因——童年时期被忽视。在成长的过程中，他们学会了与他人建立和平的关系。

他们拥有超强附和能力，可以让他们感觉到他人的愿望，他们也愿意与他人一起去实现这些愿望。事实上，他们表面上的附和并不是发自内心的承诺。但同时，感知他人的内心也让他们忽视了自己的愿望。比如，在做决定时，他们能很长时间下不了决心，他们很容易就能发现他人的观点，他们

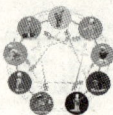

总是能将一个问题的各个方面都考虑到。于是，接下来，他们的内心会产生一个声音，既然各个方面都有优点，那为什么要与大家唱反调呢？在他们看来，感知他人的内心比发现他们自己的观点要容易得多。

另外，即使他们遇到了挑衅，他们也很少愤怒。而事实上，他们内心是愤怒的，愤怒的原因不仅仅是因为自己要迎合他人，更重要的是因为自己没有受到重视。希望得到他人的重视才是他们内心最真实的需求。

慧眼识人

> 九号性格者之所以有妥协、顺应他人的性格特征，是因为他们忘记了自己，忘记了自己才是自己生命的主宰者而不是他人。当然，对于"是否应该同意他人"这一困惑，既可以是他们的沉重的包袱，也可以成为有用的工具。之所以说是包袱，是因为内心的真实需求是获得认同而不是妥协，他们会因此而感到痛苦；说是工具，是因为他们虽然失去了自己的立场，但却因为能与他人产生心灵的感应而被他人所接受。

九号性格者处理情感生活的方法

九号性格者最大的特质是爱好和平，他们最大的基本欲望是维系内在的平静及安稳。与人交往时，他们最重视人际关系的和谐，为此，他们可以调整自己以适应他人。对于人际矛盾，他们也会尽力避免。关于他们处理情感生活的方法，我们还是分两个方面进行分析。

1. 对待婚姻爱情

在择偶这一点上，他们的态度是"差不多"就行，相信缘分，很少去争取。

在与伴侣相处的过程中，他们最大的优点在于处处让着伴侣，很少与伴侣争吵，因为他们最大的愿望就是家庭和睦，为了达到这一愿望他们可以妥协，但这并不意味着他们从内心真的承认自己错了。

2. 人际关系上

与人打交道过程中，九号总是希望去调停，去维持和平的环境。因此，健康状态下的九号的人际关系多半都很好。

他们是很好的支持者，他们支持他人，并不是希望通过自己的支持，让事情朝着有利于自己的方向发展，而是为了所有人都能处于一个健康、和谐的环境中。

他们总是那么贴心，能够倾听他人的观点，无需让自己控制他人，就能理解他人。更重要的是，他们能够感受到他人生活中真正重要的东西。这主要是因为他们会习惯性地把自己的立场与他人的愿望相融合。这是九号人格独有的能力。他们总是能够为他人找到开启幸福美满生活的金钥匙。

"我认为大家都很喜欢我，因为我总是能知道他们在想什么，知道他们需要什么。在他们需要倾诉的时候，我能充当很好的倾听者，并给出很好的建议，在他们需要帮助的时候解围。"

当然，这并不意味着他们喜欢与人打交道，相反，他们更喜欢一个人待在家里看肥皂剧、上网或者做做美食，他们这样做的目的是为了遮掩自己真正的需要。如果你要他们放弃这些做法，他们会采取强烈的保护措施。对于九号而言，让他们放弃某种爱吃的事物，或者放弃看电视的习惯，就意味着放弃了一种可以预见的舒适生活，这种生活方式能让他们把注意力从自己真实的需要上转移出来。

很多九号性格者都为自己的真正需求找到高层次的替代品。

有一位网站设计员，他有一个自己的梦想，那就是开一家自己的网络公司。但从他大学毕业已经七年了，他还没有为这个梦想做出任何的实际行动。他说，这么多年来，他一直在自己的工作岗位上努力工作，他分散注意力的方法就是去打游戏，这样他就没有时间去关注自己开办网络公司的梦想。虽然他在打游戏的时候觉得很开心，但一旦他停下，他就会发现，原来

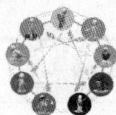

自己远离了最初的梦想。

在面临选择的时候，他们会常常受到周围朋友的影响。他们常常左右为难，对计划安排可能就是他们的救世主。一个设计很好的安排，能够让他们放心行动，因为他们听从外界的选择。然而，只要有一个朋友出来阻止或者有其他需要，他们就会改变主意。

总之，在生活中，九号性格的人给人的感觉一般比较懒散，没有太多的豪言壮志，也没有太强的功利心和欲求。他们只是平静地过着自己的生活，随遇而安，平静自在。

慧眼识人

九号性格者在处理感情上的方式可以总结为以下几点：

甘于现实、不求调整、为人被动、对生命表现得不甚热衷、有颇强烈的宿命论，因此一切听天由命，强调别人处境的优势，逃避面对身边的人的问题以及面对自己未能有理想的成就。

因此，如果我们是九号性格者身边的人，那么，我们要学会看到他们内心的真正需求，鼓励他们积极寻找自我，以使之成为健康积极的九号。

九号性格者的职场表现

职场中，我们的身边有各种各样性格的人，其中就包括好调停者，他们比较适应那些和谐的工作环境，而不适应剧变的环境。工作中，他们最大的愿望就是身边的同事、领导和谐相处，而当他们发现大家有矛盾时，会充当和解者的角色，这就是九号的典型特征。关于他们在职场的表现，我们从以下几个方面进行分析。

1. 在工作中

（1）喜欢界定清晰的程序、指令和回报。

（2）在没有摩擦的情况下，他们会表现得十分放松，希望领导和员工都能保持良好的关系。

（3）工作自觉，效率也很高。

（4）在获得支持时，会表现良好，但不会主动要求。

（5）有效的安排和他人的热情都能激发他们的能量。

（6）对风险非常小心。

（7）希望越大，失望就越大，他们就越害怕承担这样的风险。

（8）不断搜集信息，迟迟无法决定，需要借助规定来进行抉择。

很难做出抉择是九号在工作中常遇到的问题，因为在他们心中，他们总是能想起很久以前那些还未被完美解决的问题，就在昨天发生的一件事，都能让他们浮想联翩，甚至想到几年前发生的事，并且，他们还会把所有的事重新考虑一遍。决定对他们来说，就是要做出一些了结、一些放弃、一些改变、一些发展，这些都会让他们产生分离的担忧。

（9）对权利的态度模糊不清。

（10）工作中表达愤怒的方式常常是忽视问题的存在。

（11）需要时间预热。

一个九号性格的员工说，他在一家私企工作，他总是第一个来到公司，并不是说他工作有多么积极，只是因为他在正式开始工作之前需要一段时间进行预热，做点工作之外的事情，如上网看看新闻或是听听歌等，让自己的心渐渐静下来，状态慢慢调整过来。他无法像其他人那样一上班就可以精力充沛地投入工作中。

2. 作为领导

（1）在各种观点中难以抉择，花费太多时间来权衡，以至于错失了很多最佳时期。

（2）目标总是过于宏伟，不够具体。

（3）因为具体的目标可能与其他目标发生冲突，某个部门的需求很可能

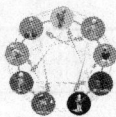

与其他部门不一致，因此他们倾向于全面了解，尽可能多地掌握信息，最后给每个人都分一块小蛋糕。

（4）宏伟蓝图如果无法细化，下属各部门为了确保自身利益，很可能会产生激烈冲突。

（5）冲突总是难堪的，他们宁可自己去查漏补缺，也不愿去为难员工或直面争斗。

（6）九号的管理风格，对于那些具有主观能动性的员工很有效，不适合那些需要明确指示的员工。

（7）对于新的方向，九号不感兴趣，只有熟悉的程序和已知的安排才能让他们充满能量。

3. 作为员工

（1）在意工作的环境，喜欢具有明确激励机制和回报制度的工作环境。

（2）九号员工很敏感，容易被那些善于表现自己、引人注目的人遮住光芒，需要公平的环境来帮助他们。

（3）九号属于习惯性类型，他们一旦养成某种习惯便会持续遵守。他们不喜欢工作中有太大的变动，改变他们原有的习惯。不过，若是公司的规章条例已经内化为他们的一种习惯，将会是忠诚的制度遵守者。

（4）根据环境来改变自己，会把同事的观点、态度和感受内化为自己的感觉，很容易从团队文化中吸取有益成分。

（5）良性的工作环境对九号员工很有吸引力，他们宁可与大家同甘共苦，也不愿去追逐个人地位。

（6）时间越充足，他们做的事情反而越少，因为他们很难分清楚哪些是重要的事情，哪些是不重要的事情。

4. 在团队中

（1）只要冲突最小化，九号就是天生的团队参与者。

（2）很难简单地为自己选定一个立场，需要的是共识。

（3）九号会向一个中立的、安全的观察者提供大量有用的信息。

（4）行动缓慢。

与九号性格者共过事的人应该都比较了解，他们的执行力并不是很强，如果同时交给他们几项工作任务，他们是无法做到都完满完成的。当然，这并不代表他们的工作能力差，而是因为他们的性格倾向是重点分散，他们对于同时被安排的任务分不清主次，不清楚如何着手。

慧眼
识人

工作中九号的种种表现还是与其特质紧密相关的，深入了解他们的型号特质，工作中与他们的配合也会变得简单很多。

与九号性格者和谐亲密相处之道

九号和平型性格的人生性平和、对人亲切，与他们相处，人们多半都能感受到一种轻松感，不会有太大的压力，这也就是为什么九号性格者能很容易与他人拉近关系。不过他们同样会带有自身的一些局限，相处过程中是需要讲究一定技巧的。

1. 要有耐心

九号性格的人反应比较慢，同一件事情，他们可能要花上比别人多几倍的时间去消化；另外，他们做一件事，需要花上全部的精力。因此，如果你希望九号做好一件事，就要给他们充足的时间，要有耐心，不要给他们太大的压力。

小强供职于一家私企，他是个典型的九号性格的人，而他的老板偏偏是一位三号。一天忙里忙外的老板希望小强可以能干一点，可以一次完成自己交代的几件事情。但是老板发现，每次在倾听自己说话时，小强表现得都很认真的样子，但需要成果的时候他会表示有几件事情没有听到。

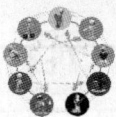

老板很气愤，认为小强太不把自己放在眼里了，但后来，在上过九型人格的课程后，他才发现，原来小强并不是故意的，真的是型号所致，也就没有那么大的火气了。以后工作中，他采用书面形式呈现所交代的任务，这样小强就很少再出现以前的那种情况了。

的确，表面上看，九号很温顺，但其实他们的内心却是十分顽固的，他们不喜欢被人改变，这一点，也是令九号痛苦和矛盾的原因之一。因此，如果你想改变和催促九号，他们是会愤怒的，虽然有时候他们并不会表现出来。如果表现，他们会通过故意拖延或假装听不到的方式来反抗。

因此，与九号相处，一定要给他们充足的时间，鼓励他们自己做决定。催促他们在短时间内完成某一件事情或做出某一项决定，这样不仅不能到达目的，反而会引起九号的无声抵抗。另外，可以借助他们身边的资源，如他们的家人、朋友对他们进行引导或劝说。

2. 多谈积极、正向的话题

九号性格者对别人的需求很敏感，他们之所以表现得如此善解人意，是因为他们希望获得一段良好的人际关系，希望大家都能生活在和谐的氛围中。

与九号相处时，要有意识地多与他们讲一些正向的话题，不要对环境进行太多评判，讲太多是非，否则很容易引起九号对于矛盾的抗拒，影响彼此间的关系。

3. 适当引导以确定目标

九号性格的人有一个很大的特点就是人云亦云，因为他们不知道自己要的到底是什么。偶尔，他们好不容易设置了一个目标，但只要别人提出干涉性意见，他们就会改变自己原先设定的目标。

例如，在遇到某个工作问题，上级领导希望通过开会收集大家的意见时，其他性格类型的人可能都会各抒己见，发表自己的意见或看法，但唯独九号一会认同那个人的观点，一会又认为另一个人的说法有道理。他们总是看到别人观点合理的部分，却很少提出自己的看法。想要九号做出决定，除非给他们一个很好的理由。

因此，与九号相处，若希望推动着九号立即行动或做出自己的决定，不

妨给九号一个合适的理由，给他们树立一个目标。

慧眼
识人

　　与九号相处，可能我们都有这样的感触，虽然你与他们很容易熟络，不过，交往时间长了就会发现，与他们浅浅之交很容易，但要真正深入他们的内心却很难。因为在交往过程中，他们一方面会融合别人的一些特质，丢失自己原有的东西；另一方面他们并不清楚自己想要的是什么，很难向别人说出自己内心的想法、观点等，很难让别人深入他们的内心，这样无形中就会使对方感受到一种距离感。因此，在与九号性格的人交往中，需要足够的耐心，也需要对他们的行为特质进行适当的包容和理解。

九号性格者如何调节心理

　　九号性格的人往往很自卑，他们认为自己没有多大的价值，也不是重要的人物。他们不爱自己，对自己的决定没有信心，想从别人身上得到力量。他们还有逃避各种冲突的倾向。事实上，冲突在改善社会或自己的人际关系上，是不可或缺的元素。需要引导他们习惯做决定，并且面对所造成的冲突。如此一来，他们必定能察觉到自己的价值，避免掉进自卑的陷阱里。当然，九号性格者需要调节的方面还有很多，下面我们一一进行分析。

　　1. 不要小看自己，不要以为别人比自己聪明

　　诚然，我们每个人在做决定前，应该综合考虑各方面的因素，才能避免武断。但对于自卑的九号性格者来说，更要看重自己的意见，别人并不比你聪明。

　　"我是一名九号性格者，我和同学们的关系很好，这是因为我很少会反驳他们的意见，我认为他们都比我聪明。上课的时候，尽管我有自己的想

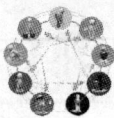

法，可是我从来不发言。

有一次，老师把我叫到了办公室，然后对我说：'我看你平时在做题和考试中，都很有见地，为什么在课堂上不发言呢？难道你觉得自己回答不好会被他人笑话？其实完全不会，我看得出来，你是个聪明的学生，大胆地说吧，老师相信你。'

从那次以后，我有信心多了。事实上，老师说得对，几次，我都解答出了其他同学没有解答出的问题。现在，他们对我的态度完全变了，我看到了一些敬佩。"

每一个九号性格者都应该和故事中的这名学生一样，鼓起勇气，大胆地展示自己，才能避免自卑的恶魔掌控自己。

2. 不要迎合每一个人的意见

我们都知道，九号性格者倾向于依照他人的日程安排来生活，因为童年经历已经让他们形成了一种意识：我的地位对于他人来说无足轻重。然而，他们又希望自己能与他人保持联系，因此，他们学会了迎合他人，把他人的爱好当做自己的爱好。

人际交往中，当他们刚开始与人打交道时，他们会看到他人的价值——是他把我带入其中。而当他们对他人做出承诺后，他们会在履行承诺的中途突然清醒，觉得自己被他人的愿望拖累，不知道自己是如何走到这一步的，但是又很难拒绝这段关系。

如果你是这样的人，那么，你需要记住的一点是，一味地附和别人，并不是获得良好的人际关系的方法。事实上，如果你能把表达自己的想法和关注他人的需求结合在一起，那么，你就是一个健康的九号。

3. 学会说"不"

对于很容易就受到他人情感影响的九号来说，说"不"是相当困难的事情。在他们看来，对他人说"不"就如同自己遭到拒绝一样难受。他们更愿意对他人点头，同意他人的观点，而不是公开表达自己的怒火，因为他们害怕发怒会导致分离。

但实际上，你要明白，一个不会说"不"的人是没有立场的人，在长时

间的妥协和退让中，你只会失去你自己。九号要改变自己，第一步就要学会说"不"。

4. 定下目标，写下行动计划，有清楚的时间限制及找人支持自己的目标

九号和平者的执行力并不强，他们总是需要很长时间去消化，甚至很多时候，他们会选择拖延。因此，要避免这一点，你就需要为自己制订明确的目标、计划，并给自己一个明确的时间限制。

5. 问问自己到底要什么

事实上，九号和平者之所以会人云亦云，是因为他们不知道自己到底要什么，这样，不仅会迷失自己，还会给他人一种难以进入他们内心的感受。因此，你要学会问问自己到底要什么，并大胆地向他人表达出来，在需求上互通有无是保持人际关系平衡的一个重要方面。

慧眼
识人

不难看出，九号和平者的最终任务是恢复无条件的自爱以及与别人同等重要的感觉。如果你是一名九号性格者，只要你能够关注自己的立场和那些必须优先考虑的事，只要你能够为自己和他人的幸福着想，你的最终目标就会变得更加容易实现。然后，请想一想，接受这些事实对你的生活来说意味着什么。

九号性格者的闪光点

前面，我们已经分析过，九号是个矛盾的号码，他们渴望被人重视，但为了获得良好的人际关系，他们宁愿放弃自己的观点，接受他人的想法；放弃真正的目的，去做一些没必要的琐事，极易沉迷于食品、电视和酒精；

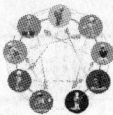

对于他人的需求十分敏感，往往比他人更了解，对于自己却不确定。但反过来，我们也能看出来他们性格中的闪光点：性格温和，能设身处地为他人着想，能及时察觉出他人的需求等。对此，我们从以下几个方面进行阐述。

1. 为人亲切，不会直接发脾气

九号总是让周围的人感到很舒适，无论周围的人心情怎么样，怎样对待他们，他们的情绪总是那么稳定，尽管他们内心已经翻江倒海。

2. 总是能充当和平的维护者，是矛盾的调节方

"虽然我是单位的领导，但是能让大家信服的始终是老张。这一点，还真的让我有点嫉妒呢。不过如果单位没有他，估计很多问题就出现了。"

改进后的九号性格者能够成为优秀的调解员、顾问、谈判者，只要不偏方向，就能取得好的成绩。他们总是站在中间立场听各方意见，为他人解决问题。这也是人们愿意和他们交往的原因。

3. 附和、顺应爱人，让两性关系维持得很久

在他们看来，对爱人的重视、把注意力放到爱人身上是表达爱的一种方式，会帮助双方获得更为融洽的关系。

当他们刚开始与某个人相爱时，他们总是能体贴地关注到对方的需要，他们总是能真正了解爱人，并把爱人的生活方式当成自己的生活方式，这样的亲密关系可以成为他们在生活中继续向前的重要动力。

当两性关系陷入瓶颈期时，其他性格的人可能会束手无策，但九号却能让这种关系维持得很久，在最初的甜蜜感荡然无存的时候，他们也会习惯地去保持这段关系。

他们会深情地告诉自己的爱人："不要离开我，我不会反对你。"

另外，九号性格者能够无条件地尊重对方，他们很少去维护自己的形象和地位，可以完全听从对方的意见。

4. 懂得如何控制自己的愤怒情绪

"在我看来，一遇到不高兴的事情就发脾气只会让事情恶化，而不能对事情产生任何作用。工作中，我也遇到了一些不怀好意的同事，他们在我背后说我坏话，说我是个笑面虎。我当然生气，但我会告诉自己，他是嫉妒

我，何必跟他一般见识呢？其他同事问我，为什么不找那个人理论，我说：'不闻不问就是最好的反击方式。'这就是这么多年来我在单位人际关系一直这么好的原因。"

在遇到愤怒的事时，九号性格者多半都不会采取直接的表达方式，而是先消化自己的愤怒，然后通过间接的方式表达出来。

第一种方式，就是不做任何选择，不采取任何措施。

第二种方式，对他人的意见不理不睬，不表态。

在九号看来，如果他们做的选择会造成巨大伤害，他们宁愿把一切交给时间处理，即使局势会恶化到四分五裂的状态。

5. 在情况清楚、行动明确的环境中，九号性格者可以成为很好的领导者

虽然九号性格者在工作中常表现出动作迟缓、缺乏目标的不足，但在目标确定、有足够时间的情况下，他们是能很好地完成任务并领导下属的。另外，因为他们是出色的调停者，他们能很轻松地解决下属之间的矛盾。

慧眼识人

九号性格者性格中的闪光点有：他们能够提供毫无动摇的支持，去维持和平的环境，能够倾听他人的观点，能理解他人，更重要的是，他们能感受到他人生活中真正重要的东西。

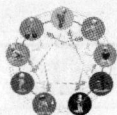

参考文献

[1] 廖春红.九型人格大全集(超值白金版)[M].北京：中国华侨出版社，2011.

[2] 陈建伟.九型人格:找到最真实的自己[M].重庆：重庆出版社，2011.

[3] 海华.九型人格气场修炼术[M].北京：世界图书出版公司北京公司，2012.